T0114268

A PLUME BOOK

THE OFFICIAL BOOK OF HANJIE

Puzzle master TIMOTHY E. PARKER is the author of *The Official Book of Kakuro* and *Mastering Kakuro*, and is the crossword puzzle editor of *USA Today* crosswords. He is the "World's Most Syndicated Puzzle Compiler" according to *Guinness World Records*. He is also the founder of the Puzzle Society, one of North America's largest paid subscriber puzzle clubs, and is creator and senior editor of the Universal Crossword, the Internet's most popular crossword puzzle since 1998.

Parker's complete line of crosswords and puzzles is syndicated worldwide in print by Universal Press Syndicate, and online by Uclick. His work has been published in the United States, Canada, South China, Great Britain, New Zealand, France, India, Saudi Arabia, South America, and the Philippines.

His puzzles and games appear in hundreds of locations including *Reader's Digest*, *New York Post*, *New York Daily News*, *The Dallas Morning News*, *The Miami Herald*, *The Boston Globe*, *The Baltimore Sun*, *Toronto Star*, and many others. He has authored several puzzle books, and is the author of the annual *USA Today* crossword calendar.

Parker lives in Baltimore, Maryland, with his wife, Giselle. They have a son, Timothy, and a daughter, Brooke.

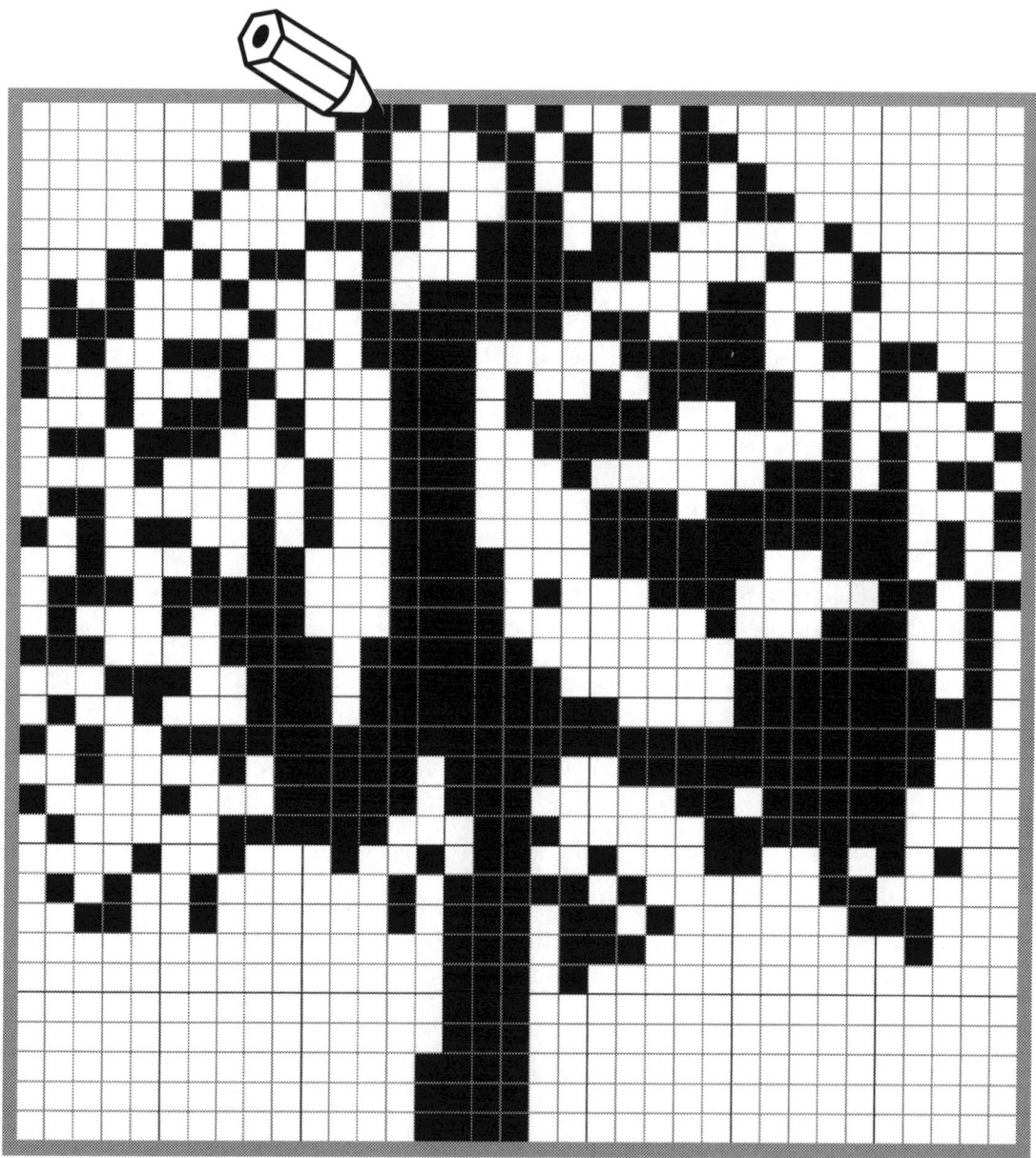

THE OFFICIAL BOOK OF

HANJIE

100 PUZZLES

TIMOTHY E. PARKER

A PLUME BOOK

PLUME
Published by Penguin Group
Penguin Group (USA) Inc., 375 Hudson Street, New York, New York 10014, U.S.A.
Penguin Group (Canada), 90 Eglinton Avenue East, Suite 700, Toronto, Ontario, Canada M4P 2Y3
(a division of Pearson Penguin Canada Inc.)
Penguin Books Ltd., 80 Strand, London WC2R 0RL, England
Penguin Ireland, 25 St. Stephen's Green, Dublin 2, Ireland (a division of Penguin Books Ltd.)
Penguin Group (Australia), 250 Camberwell Road, Camberwell, Victoria 3124, Australia
(a division of Pearson Australia Group Pty. Ltd.)
Penguin Books India Pvt. Ltd., 11 Community Centre, Panchsheel Park, New Delhi – 110 017, India
Penguin Books (NZ), 67 Apollo Drive, Rosedale, North Shore 0632, New Zealand
(a division of Pearson New Zealand Ltd.)
Penguin Books (South Africa) (Pty.) Ltd., 24 Sturdee Avenue, Rosebank, Johannesburg 2196, South Africa

Penguin Books Ltd., Registered Offices: 80 Strand, London WC2R 0RL, England

First published by Plume, a member of Penguin Group (USA) Inc.

First Printing, August 2006

Ⓟ REGISTERED TRADEMARK—MARCA REGISTRADA

ISBN 978-0-452-28792-1

Set in Bembo • *Designed by Elke Sigal*

INTRODUCTION

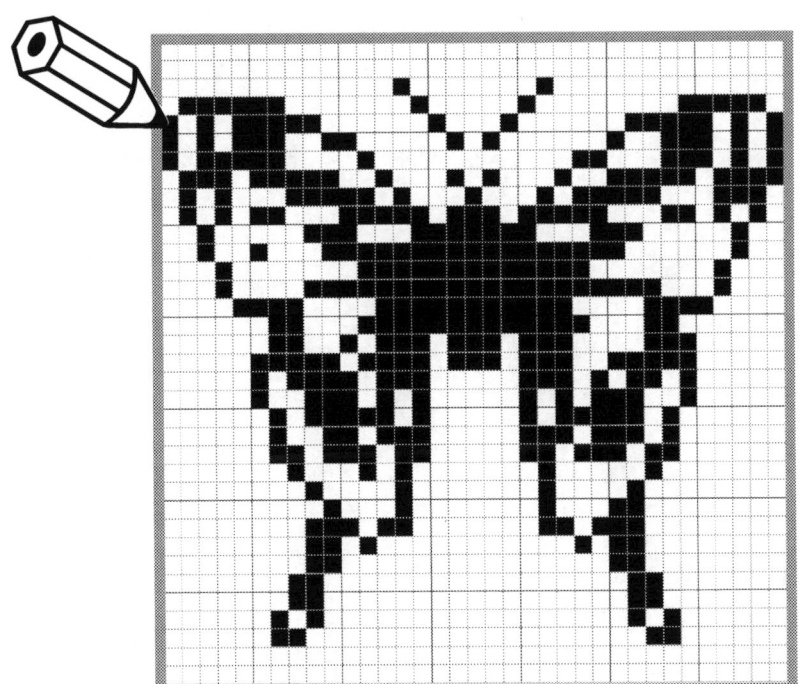

WHAT ARE HANJIE PUZZLES?

Hanjie puzzles, also known as Nonograms, Griddlers, or Paint-by-Numbers, follow in the tradition of Sudoku and Kakuro puzzles as fun, cleverly deceptive logic puzzles. The instructions are deviously simple, but actually solving the puzzles requires sound reasoning. Luck is no factor in solving Hanjie puzzles, which makes the satisfaction of completing them much more gratifying.

HOW DO YOU SOLVE HANJIE PUZZLES?

The object of the puzzle is very simple. All you need to do is figure out which squares need to be filled in and which squares are to remain blank. The end result will be a clever picture you may choose to admire for several minutes on end.

Deciding which squares to fill in is based on the clues given for each column and row. The resulting pattern of filled-in squares and blank squares creates the picture and solves the puzzle.

USING THE CLUES

The picture you need to reveal in each puzzle is made up of either filled-in or blank squares. The clues are the numbers at the beginning of the rows and columns; they represent the number of consecutive black squares you'll fill in. Between each clues lies at least one blank square.

If a clue at the beginning of a row is 2.2, for example, the clue indicates that there are **two** consecutive squares to be filled, and then another **two** consecutive squares to be filled in, with **at least** one blank space between them.

Now you need to figure out exactly where these two instances of filled-in squares go within the row, and how many blank spaces go in between them. Looking at the column clues will help you figure it out. Soon, it will all make perfectly good sense.

Let's tackle a very simple puzzle.

Notice in the following sample puzzle that the blank grid is surrounded by the clue numbers at the beginning of some rows and columns. The grid has a darker line running through it at every fifth line to help you keep track of where you are. This is especially useful for the larger puzzles you will tackle in this book.

				1		1		
		2	1	1	1	1	2	
1	1							
1	1							
	6							

Introduction ix

Notice the number 6 at the beginning of the sixth row. This clue indicates that somewhere in that row will be six consecutively filled-in squares. But where? By looking at the column clues, you'll see the first column has no number, but the next six columns all have at least a 1 in them. Since the first and last columns have no clue numbers, we now can logically deduce where our six filled-in squares must go.

				1			1		
			2	1	1	1	1	2	
1	1								
1	1								
	6		■	■	■	■	■	■	

The clue of 6 has helped us solve a major part of the puzzle. Now, to complete the puzzle, we see a 2 in both the second column and the seventh column. Therefore, we must have **two consecutive filled-in squares in those columns**. But where? Looking at the clues in the rows shows us exactly where they must go.

		2	1	1 1	1	1 1	2		
1	1			■			■		
1	1		■					■	
	6		■	■	■	■	■	■	

Puzzle solved! A smiley face!

WHAT TYPES OF PUZZLES ARE IN THIS BOOK?

The sample puzzle that we just solved is a miniature grid consisting of eight squares by eight squares. In this book, you'll be gently started on your way by easy puzzles with grids of 25 by 25 squares. You'll then tackle medium Hanjie puzzles with grids of 30 by 30 squares, and finally you'll be thoroughly challenged by the hard puzzles, which have grids of 35 by 35 squares.

You'll be proud of and surprised by the fun pictures you will create by solving these puzzles.

SEVEN TIPS FOR SOLVING HANJIE PUZZLES

- Always use a pencil with a good eraser to quickly and easily correct mistakes.

- Cross out the clue numbers as you complete them. It will help keep you focused on the clues that matter.

- Mark a small dot in any squares that should remain blank. This will prevent you from wasting time reexamining squares you've already solved.

- If there are any rows or columns without a number clue, fill that row or column with small dots.

- Fill in the solid squares lightly but evenly so the final picture will be clear. You'll want to see your masterpiece.

- Any rows or columns with a single number equal to the number of squares in that row or column should all be filled in completely. For example, if the clue is 25 and that row has exactly 25 squares, fill in each and every square.

- Don't guess. One incorrect guess can snowball into a massive case of erasures.

GOOD LUCK!

EASY

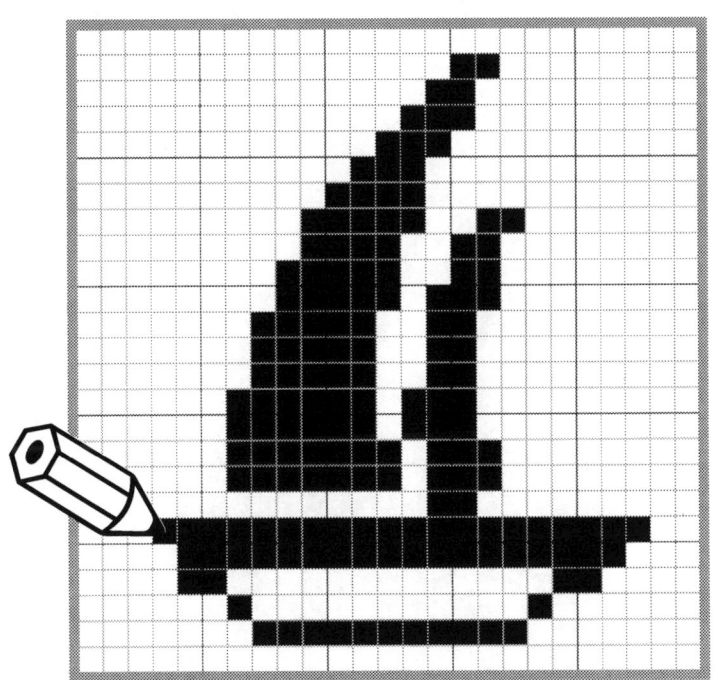

Easy 1

				1	1	1	1	1	1	1	1	1	1	1	1	1	1	1	1	1				
			16	1	1	1	1	1	1	1	1	1	1	1	1	1	1	1	1	1	16			
		3	3	3	3	3	3	3	3	2	2	2	2	2	3	3	3	3	3	3	3	3		

	19
1	1
1	1
1	1
1	1
1	1
1	1
1	1
1	1
1	1
1	1
1	1
1	1
1	1
1	1
	19
	21
	21
8	8

2 Easy

Column clues (top to bottom)

C1	C2	C3	C4	C5	C6	C7	C8	C9	C10	C11	C12	C13	C14	C15	C16	C17	C18	C19	C20	C21	C22	C23	C24	C25
										7					3									
										3					6	11	4	4	4	4	2	1		
				6						3					6	11	3	3	3	3	3	8	8	
3	5	6	9	11	6	15	17	19	21	7	23	23	23	23	3	11	7	6	5	4	3	2	1	8

Row clues

			14
			14
			14
		8	5
		9	4
			14
			14
		7	14
			23
			24
			25
5	4	4	3
			25
			24
			22
		7	6
			14
			14
		9	4
		8	5
			14
			14
			14

Easy 3

Column clues (left to right): –, –, –, –, –, –, 5, 7, 8, 10, 11, 11, 11, 11, 10, 8, 7, 20, 2, 1, 2, 1, –, –, –

Row clues (top to bottom):

Row	Clue
1	
2	1
3	2
4	4
5	1 2
6	1
7	1
8	1
9	1
10	1
11	1
12	1
13	1
14	4 1
15	6 1
16	11
17	12
18	12
19	12
20	12
21	12
22	10
23	8
24	6
25	

4 Easy

Easy 5

																2								
						2										3		2						
					2	1		2							4	3	1	2						
				1	2	2	5	3							5	3	2	3	2	1	1			
			1	2	2	3	3	4	3	3			2	2	1	1	2	1	3	3	2			
	3	4	3	2	1	1	3	2	5	3	3	2	1	2	2	4	4	1	3	2	1	3		
	2	3	4	3	1	1	6	1	3	2	2	2	2	2	2	1	1	1	1	2	1	3	2	

			7	8
2	3	1	2	2
	3	1	1	3
	2	2	1	2
	1	1	1	2
	1	1	2	1
	2	2	2	2
	2	2	2	2
		2	3	5
		2	4	1
		3	2	2
			3	2
			2	3
			2	2
		2	1	2
		2	3	2
		5	3	2
		5	1	3
	2	1	1	3
		5	2	1
	1	2	1	3
	1	1	1	1
	6	1	1	2
4	2	1	1	1
			7	8

6 Easy

Column clues (top):

									7	5			1						
			4	7	9	11	12	13	2	2	3	3	4	1					
			2	2	2	2	2	2	2	2	11	13	2	2	2				
1	3	3	1	1	1	1	1	1	1	1	1	1	1	1	1	3	3	2	1

Row clues (left):

	2
	2
	3
	3
	3
	4
5	2
4	2
5	2
5	3
5	2
5	2
5	2
6	3
6	3
7	3
7	3
	2
	20
	18
2	2
1	1
	11

Column clues (top, two rows):

	1	1	1	1	1	1	1	1	1	1	1	1	1	1	1	1						1	1		
	8	2	4	4	3	4	3	1	1	1	1	3	3	4	3	4	10	3	9	7	7	5	6	7	1

Row clues (left):

				17
	1	1	1	
	1	1	1	
	1	1	6	
1	1	3	1	
	1	1	6	
	1	1	6	
				24
		6	14	
		5	13	
2	1	1	1	1

8 Easy

Column clues (top):

					1	2	1			3	2	1														
		2	1	2	8	11	1	2	7	7	7	10		3	1	7	6	8	8	8						
		1	2	1	1	1	13	13	4	3	2	2	13	13	15	3	2	2	2	1	3	2	4			
2	6	1	1	2	2	2	2	2	2	1	1	1	1	1	1	1	1	1	1	1	1	2	3	1		

Row clues (left):

				3
	2	3	2	1
2	5	1	3	1
			2	10
		1	5	9
			2	17
			2	17
			1	18
			3	16
			12	3
				11
			4	6
			3	4
			3	4
			4	4
			4	4
				18
			12	2
			5	2
				19

Column clues:

1	2	3	4	5	6	7	8	9	10	11	12	13	14	15	16	17	18	19	20	21	22
							5														
							5	12	9	2											
5	4	2				16	3	2	2	5	2	5									
7	8	10	10	13	2	1	1	1	1	3	3	10	2	2	1	1	1	1	2		
16	2	2	3	3	3	3	2	2	2	3	3	3	2	3	3	3	2	2	3	1	3

Row clues:

				7
				7
		6	4	1
			6	7
		3	2	7
		6	1	4
		2	3	6
		1	4	6
		6	4	1
		6	3	2
			6	6
		6	1	4
	4	1	1	2
	4	1	2	2
	4	1	2	2
	1	1	4	1
	1	1	3	1
	2	1	4	1
	3	1	4	1
	3	1	3	2
3	1	3	1	1
	3	1	4	1
		3	2	3
				6
				3

10 Easy

Column clues (top):

										4			4							
									5	10	7	4								
1	2	3	4	6	19	20	21	23	13	14	16	12	21	20	19	6	5	3	2	1

Row clues (left):

		11
		11
		11
		11
4	2	3
	7	3
		11
	6	4
		11
		11
4	1	3
		21
		19
		17
		15
		14
		13
		11
		11
		9
		7
		5
		5
		3
		1

Column clues (top, two rows):

| | 6 | 4 | 3 | 2 | 1 | 1 | 1 | 1 | 2 | 2 | 3 | 4 | 3 | 2 | 2 | 1 | 1 | 1 | 1 | 2 | 3 | 4 | 7 |
| | 15 | 12 | 10 | 9 | 8 | 7 | 6 | 5 | 5 | 4 | 2 | 2 | 3 | 4 | 5 | 6 | 7 | 8 | 9 | 10 | 12 | 15 |

Row clues (left, three columns):

		23
4	7	4
3	3	3
2	1	2
	1	1
	1	1
		1
	1	1
	1	1
	1	1
	2	2
	2	2
	3	3
	4	4
	5	5
	6	6
	7	8
	9	9
	10	10
	10	11
		23
		23

12 Easy

Column clues (top to bottom):

							3	1		7		1								
							1	3	5	2	5	3	3							
					3		2	2	2	2	2	2	4		2					
		3	1	2	1	2	1	1	1	1	1	1	1	2	1	2	1	3		
		8	2	7	7	2	12	2	2	2	2	2	2	2	11	2	7	7	2	8

Row clues (left of grid):

						1
						1
						1
						1
						1
						1
						9
		2	1	1		2
				3		3
						5
						8
				2		2
						13
						17
		2	1	1		2
						19
1	2	1	1	2		1
1	2	1	1	2		1
1	2	1	1	2		1
1	2	1	1	2		1
						19
						19

Easy 13

Column clues (top to bottom):

							7												
						3	3	11	12		11	7							
1	3	5	7	10	11	4	11	3	2	15	4	3	10	8	5	3	1		
1	1	1	1	1	1	3	4	8	8	8	8	4	3	1	1	1	1	1	1

Row clues (top to bottom):

	8
	10
	10
4	7
	12
	14
	14
5 5	4
	16
	18
	11
1	2
2	1
	6
	6
1	1
	6
	4
	4
	4
	6
	8
	8
	20

14 Easy

Column clues (columns 1–25, top to bottom):

Column	Clue
1	
2	
3	
4	
5	
6	12
7	13
8	2 13
9	2 13
10	6 13
11	3 13
12	2 3 13
13	1 3 13
14	2 2 13
15	2 17
16	2 2 13
17	1 13
18	12
19	4
20	2 2
21	2 2
22	3 2
23	4
24	1
25	

Row clues (rows 1–25, left to right):

Row	Clue
1	
2	
3	1 1 1 1
4	1 1 1 1
5	1 1 1 1
6	1 1 1
7	1 1 1 1
8	1 1 1 1
9	1 1 1 1
10	2 1 1 1
11	1 1 1 1
12	1
13	13 3
14	18
15	14 2
16	14 2
17	18
18	13 3
19	13
20	13
21	13
22	13
23	13
24	13
25	11

Easy 15

													4	2										
													3	1							3	2	2	
	2	2	2	2	2	2	5	7	11	14	17	21	4	2	1	1	1	1	3	5	3	2	2	

	1
	3
	2
	3
	3
	3
4	1
4	2
5	2
6	2
13	3
	20
7	3
6	2
5	2
4	2
4	1
	3
	4
	3
	2
	3
	1

16 Easy

Nonogram puzzle grid.

Column clues (top to bottom rows):

Row A: 3 2 2 1 2 1 2 2 2 1 1 2 2 1 1 2 1 2 2 3
Row B: 2 2 2 2 2 2 2 2 2 2 2 2 2 2 2 2 2 2 2 2
Row C: 3 2 2 2 2 2 2 2 2 2 2 2 2 2 2 2 2 2 2 3
Row D: 9 9 2 1 1 2 1 2 2 2 2 2 2 2 3 2 1 2 1 1 2 9 9

Row clues (left side, top to bottom):

	7
5	5
3	3
2	2
2	2
1	1
2	2
1	1
2	2
1	1
	24
	24
2	2
	24
	24
2	2
2	2
1	1
2	2
1	1
1	1
2	2
3	4
	10
	8

Column clues (top):

							1															
			1	9		6	1	1	1	1	1		1	1	1	1	1				
	1	1	11	2	1	1	1	1	1	1	1	2	1	2	1	1	1	1	2	2	
2	3	2	2	2	3	2	2	1	1	1	2	1	6	1	1	1	1	1	1	1	5

Row clues (left):

				3
		1	1	
		1	1	
		1	1	
	1	1	8	
1	1	1	2	
1	1	2	2	
1	1	1	2	2
3	1	2	5	
2	1	5	1	
1	1	1	2	1
1	1	1	1	1
2	1	2	1	2
1	1	3	4	
1	1	3		
	1	1		
	1	1		
	1	1		
	1	1		
	1	1		
	1	1		
			1	
			1	

18 Easy

Row clues:

| 3 |
| 3 2 |
| 1 2 |
| 2 |
| 6 |
| 6 6 |
| 6 6 1 |
| 3 4 |
| 24 |
| 24 |
| 1 1 |
| 1 1 |
| 24 |
| 1 1 |
| 1 1 |
| 1 1 |
| 24 |
| 1 1 |
| 1 1 |
| 1 1 |
| 24 |
| 1 1 |
| 1 1 |
| 1 5 2 |
| 24 |

Column clues (top to bottom):

Row A: 2 1 2 1 1
Row B: 1 1 2 2 1 1 2 2 3 6 2 2 1 2 2 1 1
Row C: 4 4 2 2 2 2 2 2 2 2 2 2 2 2 2 2 2 2 4 4 3
Row D: 1 1 1 1 1 1 1 1 1 1 1 1 1 1 1 1 1 1 1 1 1
Row E: 1 1 1 1 1 1 1 1 1 1 1 1 1 1 1 1 1 1 1 1 1
Row F: 1 1 1 1 1 1 1 1 1 1 1 1 1 1 1 1 1 1 1 1 1
Row G: 18 1 1 1 1 1 1 1 1 1 1 2 2 2 2 1 1 1 1 1 2 19

Easy 19

Column clues (left to right, top to bottom):

Col	Clue
1	
2	
3	
4	4
5	3 16
6	22
7	4 4 11
8	21
9	14 8
10	6 1 2 7
11	9 4 6
12	13 7
13	20
14	20
15	9
16	7
17	5
18	4
19	3
20	3
21	3
22	2
23	2
24	1
25	

Row clues (top to bottom):

Row	Clue
1	
2	1 4
3	2 5
4	10
5	9
6	9
7	10
8	2 2 4
9	10
10	5 4
11	5 3
12	5 4
13	2 2 4
14	10
15	7 2
16	5 4
17	12
18	13
19	13
20	13
21	14
22	17
23	5 11
24	4 9
25	

20 Easy

Column clues (top to bottom):

							2																		
					1		1	1	2																
				2	1	4	1	1	1	3	1														
		1	1	2	3	4	2	2	2	2	3	4	4	3	3	3	3	3	4	3					
2	4	2	4	4	2	2	1	2	2	2	2	2	2	2	1	2	2	2	2	2	2	6	3		

Row clues (left):

			2
		2	1
		3	2
1	2	3	1
	3	2	3
2	1	1	1
2	1	1	3
	2	2	6
			11
		5	2
		2	2
		2	3
		2	2
		3	2
		2	2
		2	3
		2	2
		2	2
		2	3
		2	3
		3	2
		2	2
		2	1
			4
			2

Easy 21

Column clues (columns 1–25, top to bottom):

					2								2											
		2	2	2	2	3				6	2	2	3	3				6	2	2	2	2		
	2	2	2	2	6	11	16	15	12	2	2	2	6	12	16	15	12	2	2	2	2	2	2	

Row clues (rows 1–25):

2	2
3	3
3	3
4	4
	22
	22
5	5
3	3
3	4
4	4
	22
	22
3	4
3	3
4	4
3	3
3	3
3	3
3	3
2	2

Column clues (top to bottom):

```
                      4     4  4  4  4  4  4  4  4  4
             4  4  2  4  2  3  3  3  3  3  3  3  2  4  4  4  4
             1  1  2  7  1  1  1  1  1  1  1  1  2  7  2  1  1
         11  1  2  1  1  1  1  2  2  2  2  2  2  1  1  4  2  1  11
      1  2  2  1  1  2  2  2  2  2  2  2  2  2  2  1  1  2  2  1
```

Row clues (top to bottom):

```
            19
            19
            19
            19
         1   1
         1   1
     1   7   1
     1   9   1
     1  11   1
  1  2   2   1
         5   6
            11
         1   1
         1   1
         1   1
         1   1
         1   1
         1   2
            15
     1   6   1
         1   1
         3   3
            17
            11
```

Column clues (top):

						1	1	1	1	1	1													
					4	2	2	2	2	2	2	4	4	4										
3	2	3	15	21	23	11	11	11	11	11	11	11	11	10	10	22	15	8	4	4	16	17	16	6

Row clues (left):

		11
	5	5
		23
		24
1	3	8
1	3	9
3	3	4
3	3	4
3	3	4
3	3	4
3	2	4
3	2	3
3	2	3
4	3	3
	15	3
	15	3
	13	3
	13	3
	13	1
		13
		13
		13
		12
		9
		7

24 Easy

				15															11		2	3		
1	4	4	5	2	24	23	19	12	9	8	8	7	7	7	7	9	9	10	2	15	8	7	4	

	2
	3
	4
	6
	7
	8
7	1
6	1
13	2
15	2
	17
	17
	17
	17
	17
7	5
4	5
4	5
4	5
3	4
3	4
3	4
4	5
3	5
	3

Easy 25

Column clues (top to bottom):

Column	Clues
1	1 2
2	2 2
3	4 2
4	6 2
5	7 2
6	7 3
7	8 3
8	7 3
9	7 3
10	8 3
11	8 4
12	10 3
13	8 3
14	8 4
15	7 2 3
16	9 3
17	9 3
18	7 3
19	8 3
20	5 1 2
21	6 1 2
22	4 2
23	3 2
24	2 2
25	1 2

Row clues (left to right):

Row	Clues
1	
2	1
3	5
4	5
5	4
6	4
7	3
8	4 3
9	6 3
10	5 4
11	17
12	18
13	16
14	14
15	12
16	11
17	11
18	5 1
19	1 1
20	1 1
21	1 1
22	14
23	25
24	25
25	

26 Easy

Column clues (top → bottom):

1	2	3	4	5	6	7	8	9	10	11	12	13	14	15	16	17	18	19	20	21	22	23	24	25
							2					2												
				1	2	2	2	8	5	4	1	1			1									
2	3	3	3	7	3	5	5	3	2	1	7	1	1	1	1	2	1	1	2	2				
2	1	2	2	5	2	10	7	2	1	5	6	2	5	4	7	4	3	1	2	1	3	9	5	3

Row clues (left):

			3
			4
			4
			5
		2	2
		3	3
		3	3
	4	1	2
	3	1	6
	1	1	3
		8	2
		5	2
		3	1
		2	1
	3	1	2
	4	2	1
4	2	1	1
3	2	1	1
3	2	1	2
3	3	1	3
	2	8	3
2	2	5	4
2	2	6	3
2	1	1	10
		3	1

Column clues (top):

						8	7										7	8		
					7	6	4	8	7	6	3	2	3	6	7	8	3	6	7	
18	20	18	10	2	2	3	3	4	4	5	4	4	3	3	2	2	10	20	18	18

Row clues (left):

1	1	1	1	1	1	1	1	1	1
									21
								10	10
								10	10
								9	9
								9	9
								8	8
								8	8
								3	3
								4	4
								5	5
								6	6
								6	6
								6	6
								6	5
							5	3	5
							4	7	4
							4	11	4
									21
1	1	1	1	1	1	1	1	1	1

Column clues (top to bottom):

					4													4				
			5	5	1	3										4	1	5				
			7	8	6	8	11	11						8	11	12	8	6	7	5		
		5	6	6	6	5	4	3	3	1			2	3	4	4	6	6	6	15	5	
25	25	19	3	3	3	3	3	3	3	3	3	3	3	3	3	3	3	3	3	3	19	25	23

Row clues (left):

		5	4
		6	7
		7	8
		8	9
		9	9
2	2	2	2
		9	10
5	3	4	5
		9	10
		10	10
		10	11
		11	11
		9	10
3	5	5	4
	3	1	4
		6	7
		9	10
		9	10
		9	10
		8	9
		7	7
		3	3
			25
			25
			24

Column clues (left to right):

		3																	15					
		2																						
5	7	7	16	16	15	11	10	8	8	8	8	9	9	10	11	19	22	23	6	13	9	7	5	3

Row clues (top to bottom):

	4
1	6
2	7
2	9
2	10
2	11
3	19
	22
	20
	18
	18
	19
	19
	17
5	8
5	3
5	3
4	4
4	4
4	4
4	4
3	4
3	3

Column clues (top to bottom of header):

- Row 1: 2, 2, 2 (over columns 11–13), 4, 5, 6, 4 (over columns 17–20)
- Row 2: 5, 3, 2, 2, 2, 2, 2, 2, 2, 2, 2, 2, 3, 2, 2, 3, 2
- Row 3: 4, 2, 11, 6, 4, 4, 8, 9, 8, 6, 5, 3, 2, 2, 2, 2, 2, 4, 3, 5, 9, 11, 11, 5, 3

Row clues (left):

		4
	5	2
		11
	4	6
	2	4
	2	3
	2	4
		9
	2	8
	2	9
2	2	6
2	2	3
	2	2
4	2	2
5	2	2
6	2	2
3	3	2
	2	4
	2	3
		8
		9
		11
		11
	2	6
		3

Column clues (top to bottom):

1	2	3	4	5	6	7	8	9	10	11	12	13	14	15	16	17	18	19	20	21
									10	8	5	4	2							
							13	12	4	4	4	3	3	3		2	2			
2	4	6	8	9	12	13	5	6	2	2	1	1	1	1	3	1	1	3	4	3

Row clues (left side):

		2
		5
		7
		8
		10
		12
		14
	14	2
	12	7
	9	8
7	5	2
4	4	1
3	4	1
1	4	1
	3	1
	3	1
	2	2
		4
		3
		1

32 Easy

	25	24	23	22	21	6 6	6 6	6 6	6 6	6 6	6 6	6 6	6 6	12	11	10	9	8	7	6	5	4	3	2	1
1																									
2																									
3																									
4																									
5																									
6																									
7																									
8																									
9																									
10																									
11																									
5 6																									
5 6																									
5 6																									
5 6																									
5 6																									
5 6																									
5 6																									
5 6																									
20																									
21																									
22																									
23																									
24																									
25																									

					3	4	3	3	4	3	4	4	3	4	4	3	4	3	3	1			
	19	19	19	20	20	16	16	16	16	16	16	16	16	16	16	16	16	16	16	16	3		
3																							
7																							
9																							
9																							
10																							
10																							
10																							
7																							
5																							
22																							
22																							
22																							
21																							
21																							
21																							
21																							
21																							
21																							
21																							
21																							
21																							
21																							
21																							

34 Easy

											8	8	9										
							3	4	6	7	8	9	2	2	2	25	24	9	8	8	9	8	7	6	5	4
				2																						
				4																						
				10																						
				14																						
				16																						
				17																						
				18																						
				19																						
				20																						
				20																						
1	2	2	2	1																						
				2																						
				2																						
				2																						
				2																						
				2																						
				2																						
				2																						
				2																						
				2																						
				2																						
				2																						
			1	2																						
				5																						
				3																						

Nonogram puzzle.

Column clues (top, read top-to-bottom per column):

Col	1	2	3	4	5	6	7	8	9	10	11	12	13	14	15	16	17	18	19	20	21	22	23	24	25
					2	1												2							
	3	3	3	5	7	5	5	5	5	5						5	4	4	5	7	6	4	4	4	3
	2	3	4	4	5	4	4	4	5	4	8	7	5	7	9	5	5	5	5	5	5	5	4	4	2

Row clues (left, read left-to-right per row):

		3	3
		3	4
		3	4
		5	5
		7	7
2	5	4	3
1	5	4	2
		5	4
		5	5
		5	4
			8
			7
			5
			7
			9
		5	5
		4	5
		4	5
		5	5
		4	5
		4	5
		4	5
		4	4
		3	4
		1	2

36 Easy

MEDIUM

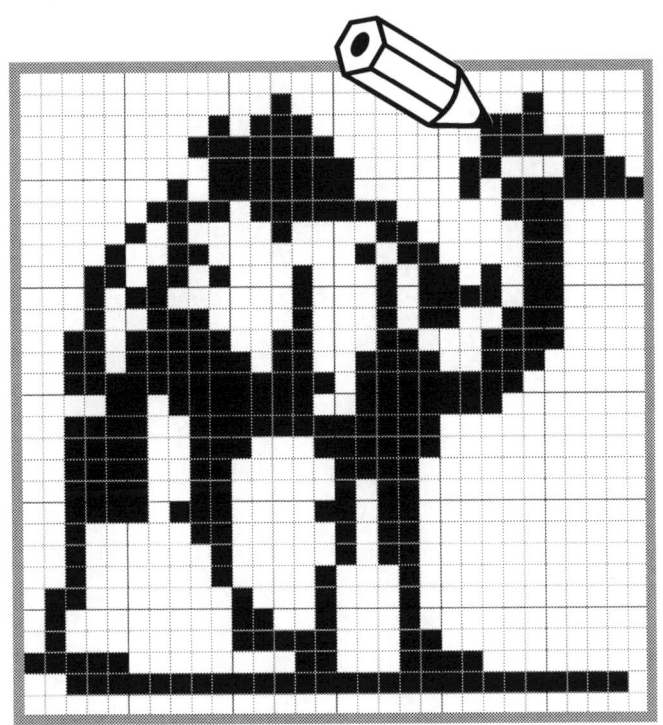

A nonogram puzzle grid.

Column clues (top):

																							6		4	3				
													2	6	7	7	1	5	1	1										
			3				6	6				10	9	9	9	9	9	8	10	8	5	1								
	1	1	4		12		1	1	9			1	2	2	1	1	1	2	1	2	2	1	2							
2	2	3	4	6	16	2	14	12	13	4	4	4	16	15	16	4	4	4	4	4	4	4	4	3	3	2	2	7	3

Row clues (left):

			6
			7
			10
	8	1	
			5
			4
		2	1
3		2	1
1		2	1
1		10	1
2		13	1
2		14	2
4		16	2
4		17	2
		22	1
		21	2
		19	2
		17	2
	5	5	3
		12	6
		7	6
		8	3
		4	16
			25
		2	22
1	1	7	9

38 Medium

																						1							
																					1	3							
						3	2	3			1	1	1	1	1	1	1	1	1	1	4	3	1	1					
			7	11	12	4	3	3	21	27	25	25	25	25	25	25	25	25	25	24	13	13	25	25	28	27	7		

		7
	3	5
	1	2
	1	2
	10	5
	11	5
	11	5
	12	4
	14	4
	18	4
	18	4
4	12	5
3	12	5
3	12	5
3	12	4
3	12	4
	3	18
	3	18
	3	18
	4	18
		23
		22
		20
		19
		19
		19
		19
		18
		18

Medium 39

						1				4	1							1	4				1						
			2	2	2	8	2	2	8	1	1							1	1	8	2	2	8	2	2	2			
	1	2	3	5	7	3	12	10	10	10	11	16	14	15	15	14	16	11	10	10	11	12	3	6	5	3	2	1	

			1	1
			1	1
			1	1
			2	2
			1	1
			1	1
		1	6	1
		1	6	1
2	1	8	1	2
2	2	6	2	2
		2	14	2
		2	6	2
		1	8	1
		2	10	2
				16
				14
				16
				18
				19
				20
		9	2	9
			9	9
			9	9
			7	7
			5	6
			1	1
			1	1
			2	2
			1	1
			1	1

40 Medium

Column clues (top to bottom, columns 1–30):

																							9						
				5				20	20			24	23	23	22	22	21	18					2	10		6	4		
	2	2	4	2	17	20	20	2	3	28	27	2	1	2	1	1	2	2	18	17	17	16	2	4	14	6	4	3	

Row clues (rows 1–30):

	11
	14
	17
	18
	21
	22
	25
	27
	25
	23
	23
	22
	23
19	2
18	2
19	3
	24
18	5
	24
12	4
	8
	8
5	1
3	1
2	4
6	1
	5
	3

Medium 41

																9													
											4	12				1	4												
			3		7			6			11	3	7			4	7				8	1							
			1		4		1	6	13	14	1	3	12			3	6	18	6		3	5	4	4	3				
			3	10	1	14	14	3	3	2	1	2	1	29	29	1	2	1	12	17	2	4	5	5	3				

		2	3
			10
			12
			14
		3	11
		10	4
			18
		16	6
	5	4	12
		13	9
			21
		13	5
	8	8	2
1	11	3	4
			23
		5	15
	7	3	8
		6	9
			16
	2	6	3
			3
			2
			2
			2
			2
			2
			2
			6
	2	2	2

42 Medium

Nonogram puzzle grid.

Column clues (left to right):

col	clues
1	4
2	5
3	3
4	4
5	2 1
6	2 1
7	2 1
8	2 1
9	3 2
10	3 2
11	4 2
12	6 2
13	10
14	24
15	7
16	7 1 3 3 3 4
17	3 1 1 3 3 2 1
18	1 1 3 2 4 2
19	1 1 1 2 5 2
20	1 1 5 4
21	1 2 4 1
22	2 1 3 2
23	1 2
24	2
25	2

Row clues (top to bottom):

- 3
- 6
- 5
- 14
- 4 4
- 5
- 1 3 1
- 1 4 1
- 4 1
- 7 2
- 1 2 1
- 2 4
- 1 1 2
- 1 1 1 1
- 1 1 2
- 1 1 3
- 1 1 1 1
- 1 2 3
- 1 2 4
- 1 2 2 2
- 1 2 2 1 1
- 1 4 3 1
- 1 8 1
- 13 1
- 3 3 1
- 3 3 1
- 3 2 1
- 2 2
- 2 2
- 1 2

Medium 43

Column clues (top to bottom):

					1	1	1	4		1					1	1	1							
					1	1	1	1	1	1				4	2	1	1							
			3	6	3	1	3	3	1	5	1		10	7	8	8	3	1						
			5	3	3	3	2	1	9	4	3	3	2	1	1	1	5	5						
		4	2	1	2	1	1	9	1	5	15	17	3	1	1	2	1	2	5					
	8	2	2	1	1	1	2	2	2	4	3	2	2	6	5	2	4	2	2	5				

Row clues (top to bottom):

| 4 |
| 5 1 5 |
| 2 7 3 |
| 16 1 |
| 1 8 1 |
| 5 5 |
| 1 18 |
| 1 3 9 1 |
| 1 2 9 1 |
| 1 2 10 1 |
| 1 1 6 1 |
| 1 8 1 |
| 2 3 8 2 |
| 12 2 |
| 14 |
| 7 |
| 2 2 |
| 2 3 |
| 3 6 |
| 5 2 2 |
| 2 1 5 2 |
| 1 2 4 2 |
| 1 9 |
| 2 2 3 |
| 10 |
| 4 3 |

44 Medium

Medium 45

																						3							
									6	6	6								7	7		4	7	4	1	2	2		
1	2	2	2	3	3	4	4	5	2	2	3	11	13	14	14	13	11	11	2	2	6	1	2	2	2	2	2	7	4

			4
	2	3	3
	4	3	2
	4	3	2
9	7	1	2
		24	2
		20	2
		17	2
		15	3
		13	4
			15
			9
			8
			12
			12

46 Medium

Nonogram puzzle.

Column clues (left to right, top to bottom):

Col	Clues
1	5, 1
2	6, 3, 9, 1
3	1, 3, 1, 1
4	3, 2, 4, 2, 1
5	2, 3, 1
6	2, 3, 5
7	2, 3, 6
8	2, 3, 6
9	3, 3, 7
10	14, 6, 7
11	1, 7
12	21, 4
13	1, 1, 18
14	4, 2, 7
15	3, 11, 3
16	1, 1, 15
17	1, 6, 7
18	1, 5, 7
19	7, 3, 3
20	1, 2, 6, 7
21	1, 8, 7
22	1, 19
23	9, 4
24	3, 1, 6
25	1, 9, 14, 1
26	1, 2, 11, 2
27	1, 3, 2, 2
28	1, 13, 2, 2
29	3, 14, 1, 1
30	12, 2, 1

Row clues (top to bottom):

Row	Clues
1	1
2	2
3	12, 7
4	11, 6, 2
5	2, 3, 1, 1, 3
6	7, 2, 1, 2
7	2, 8, 1, 3
8	2, 8, 1, 1, 3
9	2, 2, 4, 1, 1, 1, 3
10	4, 3, 14
11	4, 4, 13
12	2, 5, 8, 4
13	4, 6, 2, 3
14	12, 6
15	7, 10
16	3, 2, 3, 5
17	2, 2, 5, 3
18	5, 2, 2, 3
19	6, 2, 2
20	2, 2, 2, 2
21	2, 2, 2, 2
22	15, 2
23	22
24	8, 10, 5
25	12, 3, 6
26	21, 1
27	19, 3
28	30

Column clues (top, read top-to-bottom per column):

			3																											
	4	5	6	6	5	5	6	7	6							6	6	6	6	5	4	2	5	4	3					
	4	4	4	10	15	13	11	9	7	13		13	12	12	12		7	7	11	12	13	15	6	5	5	5				
3	4	4	4	5	2	4	5	5	6	5	5	18	14	14	14	14	19	6	5	6	6	5	4	12	5	4	4	4	2

Row clues (left):

			3
	3	4	3
	5	4	5
	5	4	6
	6	4	6
	3	17	4
	4	14	4
	5	12	5
	6	11	5
	6	9	6
	6	7	5
			19
		8	13
		13	12
		13	13
		14	14
			27
			20
	5	6	5
	5	8	6
	6	11	7
	5	12	5
	4	14	4
3	5	10	4
	5	4	6
	5	4	4
	4	4	4
	2	4	3
			4
			2

48 Medium

Column clues (top), reading left to right then top to bottom within each column:

									1																
						1	1		1	1	1				1										
						1	2	1	1	1	1	1	1	1	2										
						1	1	4	1	1	1	1	2	2	1	1	1	1	1						
						1	2	1	1	1	1	1	1	1	1	2	1	1	1	1	2	1			
						2	3	2	3	4	4	6	5	1	1	1	1	1	1	1	2	1			
		3	4	3	3	1	1	2	1	1	1	1	1	13	1	4	1	1	1	2	1	1			
3	5	6	2	2	2	2	20	1	1	1	1	1	1	1	2	2	2	2	2	1	1	1	1	1	21

Row clues (left), reading top to bottom:

				14
			2	2
		1	4	1
		1	15	1
			4	3
		1	13	1
			4	4
		2	11	1
	3	2	1	1
	6	5	1	
2	1	8	1	1
	2	1	6	1
3	1	4	1	1
3	1	5	1	1
	2	5	1	1
	3	4	1	1
		8	1	1
	6	1	1	1
		1	1	1
		1	1	1
		4	1	1
		1	7	1
			1	2
				15
				5

Column clues (top):

			2	1	3												2	1	1	1			
		1	2	2	1	3			3					3		2	1	2	2	2	1		
1	2	1	5	4	3	2	10	15	16	17	20	21	21	19	17	16	11	7	2	3	4	4	1	1

Row clues (left):

- 1 1 1
- 1 1 1 1
- 2 1 2 1 1
- 2 4 2
- 2 4 2
- 11
- 9
- 9
- 13
- 13 2
- 2 12 2
- 4 12 2
- 2 12 2
- 12
- 12
- 14
- 17
- 2 11 2
- 2 10 2
- 2 9 1
- 1 8 2
- 1 6 1
- 1 3 1
- 1 1

50 Medium

10	
3	11
2 2	3
1 4	3
1 4	2
1 2 1 1	2
3 3 4	1
4 4 3	1
3 3 3 1 2	1
7 2 2	1
7 1 1	2
11 1 2	1
11 2 1 2	1
9 4	1
1 5 3	1
5 3	2
4	1
1	3
6	8
9	

1
3
8
11
1 8 2
1 1 8
1 10
1 11 1
1 6 5 1
1 5 5 2
1 2 1 3 2
2 2 1 2
2 1 2
2 1
2 2
2 2
3 2 2
3 3 3 2
2 4 4 1
2 3 4 1
2 1 1
2 1 1
1 5 1
1 1
1 1
2 5 1
2 5 1
2 2
3 3

Medium 51

Column	Clues
1	4
2	10
3	15
4	10 4
5	5 1 4
6	3 2 4
7	3 2 5
8	4 2 6
9	4 13
10	8 11
11	9 7 2
12	9 6 1
13	9 6
14	17
15	11
16	11
17	11
18	11
19	13 2
20	8 2 7
21	9 3 11
22	19 7
23	9 2 3
24	4 2 4
25	4 2 4
26	4 2 4
27	3 1 6
28	3 19
29	14
30	8

Row	Clues
1	4 2
2	5 5
3	5 5
4	5 5
5	5 5
6	10 5
7	11 10
8	25
9	2 21
10	2 6 5
11	1 1 6 1 1
12	1 2 6 1 1
13	3 9 2 1
14	2 2 9 2 3
15	2 2 8 2 3 2
16	2 2 8 4 2
17	1 3 6 2 2
18	2 5 8 2
19	2 2 4 2
20	2 2 1 2
21	2 2 2 3
22	2 2 3 3
23	2 4 3 3
24	3 5 3 4
25	10 3 4
26	10 11
27	10 11
28	7 10
29	5
30	

52 Medium

Column clues (top), left to right:

													8			9														
					2	2	2		17	8	2	11	12	1	9	9	7	6								1				
1	1	1	1	1	6	9	12	17	1	1	1	2	5	3	2	2	1	1	6	5	4	4	3	4	1					

Row clues (left side):

	4
	5
6	2
	2
	3
	3
	4
	4
	5
	9
	12
	13
	15
	16
	17
	18
	18
	13
6	2
	3
	2
	1
	1
	2
	10
	5

Medium 53

												4																	
											7	2	4				4	4	4										
											1	1	1	4			2	1	2	7									
		1	1	1	1	3			4	8	4	4	3	6			1	1	1	4			3	1	1	1			
		1	1	1	1	1	29	29	3	10	5	8	8	9	29	29	9	8	7	5	29	29	4	1	1	1	1		

				25
				18
				18
				16
	2	2	2	3
	2	3	2	3
	2	3	2	3
2	1	2	1	2
2	1	2	1	2
	2	1	4	2
	2	1	3	2
		2	3	2
		2	3	2
		2	3	2
		2	3	2
		2	4	2
		2	6	2
2	3	2	1	2
2	2	2	1	2
	2	3	2	3
	2	2	4	3
	2	1	7	3
		2	1	11
	2	1	8	2
			2	13
			2	14
				17
				17
				26

54 Medium

Medium 55

Column clues:

			7	5		3	2		2																				
	6	7	9	22		19	3	2	2				1	5	6	9	2	2									6		
	2	8	5	1	30	4	15	10	1	1	1	2	3	2	2	2	7	6	5	5	6	5	5	15	15	14	6	7	

Row clues:

		3
		4
		7
		7
		6
	3	1
	6	3
2	4	3
	5	6
	6	5
3	2	3
3	2	4
3	1	4
3	1	6
3	1	8
5	2	9
5	2	11
5	3	8
5	1	8
	5	5
	6	5
	6	5
7	3	1
7	3	1
1	5	5
4	2	4
	9	4
	9	4
2	4	4
	8	4

56 Medium

Column clues (top):

					3	4		15		14									
2	1	3	2	2	7	14	14	1	17	17	1	13	14	16		12	5	3	
1	5	7	12	11	11	12	12	9	9	11	12	12	13	29	11	28	27	26	11	11	7	9	7	4

Row clues (left):

		3
		5
		9
		12
		14
		15
		16
		16
		14
		14
		15
		17
		18
	7	8
	6	7
	6	7
	7	7
	2	7
8	4	3
	8	12
1	6	12
	1	20
1	18	2
		24
		24
		24
		23
		23
		22
	2	17

Nonogram puzzle.

Column clues (top, read top to bottom per column):

								1							2								
								3					2		2								
		1	1	2	6	10	4	2		5	3	3	2	1	3	6	2	1	1				
		5	6	5	5	6	3	2	7	5	2	2	1	1	13	1	2	2	1	1	2	2	
		1	1	1	1	1	1	1	4	4	1	1	1	1	1	1	1	1	1	1	1	2	1

Row clues (left):

		3
	1	1
		2
		3
		4
	2	3
		13
12	2	2
1	8	1	3
1	6	1	3
	1	3	1
	2	3	1
	2	2	1
	1	1	1
	2	2	2
		2	4
		2	2
		2	2
		2	1
		1	1
		2	1
		2	1
		1	1
		2	1
		11
		7
		2
		21

58 Medium

Nonogram puzzle.

Column clues (top to bottom):

								1				4																	
				1		5	1	5	3	5	7		1		1					2	3	2							
	3	6	2	1	1	5	1	1	5	3	5	5	2	3	1	2		4	3	1	2	2	3	1					
	9	5	7	9	6	1	11	12	3	2	1	8	1	7	6	14	2	5	2	2	4	4	9	8	3	3	2		
1	4	2	2	2	1	1	1	1	1	1	1	1	1	3	6	1	1	1	17	3	2	2	1	1	1	1	1	1	1

Row clues (left):

						1	1
					1	3	3
						7	6
					7	2	3
				1	7	1	7
				4	7	3	
		1	1	1	2	2	
		1	2	1	2	2	
2	2	1	1	1	2	1	2
	1	2	1	1	4	2	
	1	3	1	1	2	3	
		2	5	2	2	4	
		2	6	2	4	3	
					13	8	
				2	7	7	
					4	12	
				4	3	6	
				4	2	4	
			4	2	1	2	
			4	3	2	2	
			1	2	1	2	
			1	1	1	2	
			1	1	1	1	
			2	1	1	1	
			1	2	1	1	
				1	5	2	
				5	2	4	
						27	

Medium 59

Column clues (top):

									7	6	5	5	5	5	6	6	7					2	
			7	9	11	19	16	16	5	5	7	10	5	5	6	6	7	15	18	20	11	3	
			3	6	9	3	3	3	3	3	3	5	8	4	3	3	3	2	2	1	8	4	

Row clues (left):

			8
			11
			14
			15
			17
	7	7	
	7	6	
	6	6	
	6	4	
	6	5	
	6	5	
	6	6	
	7	6	
	8	7	
			17
			15
	12	2	
2	8	2	
2	5	2	
2	2	2	
2	1	2	
2	1	2	
2	2	2	
2	2	1	
6	1	1	2
7	2	4	2
	8	11	
	8	2	
			6
			4

60 Medium

Nonogram puzzle.

Column clues (top):

```
                                    2       1
                                    3   2   3
                              6   6  11  3   5
            3   2   6     2   1   6   6   6   3   3   3   3   4
            3   3   3    10   3   3   6   3   3   3   3   4   3   3
        7   3   3   4   15   1   5   7   2   2   1   5   8   8   8   8   7
```

Row clues (left):

```
              7
          3   7
      3   3   2
      4   4   5
          1  13
          2  14
  1   3   2   1
  3   2   4   1
          6   6
          6   6
  1   3   1   2
  2   3   3   2
          7   6
          7   6
  3   2   1   3
      4   2   2
              6
              6
          1   3
          1   2
              6
              6
          1   4
          2   2
          4   1
              6
          1   4
          1   2
          3   1
              5
```

Medium 61

			1	2	3	4	5	6	7	8	9	10	11	12	13	14	15	16	17	18	19	20	21	22	23	24	25	26	27
						2																							
					4	3																						
				2	3	4	10	10								2	6	9										
			1	2	4	6	8	10	21	19	18	17	17	15	11	6	5	18	18	17	16	14	6	5	4	4	3	2	2
		1																											
		4																											
		6																											
		9																											
		10																											
	3	10																											
	5	9																											
1	3	9																											
	7	8																											
	8	7																											
	8	7																											
	8	6																											
	9	6																											
	12	5																											
	12	5																											
2	7	5																											
	8	5																											
	9	4																											
		16																											
		16																											
		15																											
		14																											
		13																											
		11																											
		9																											
		7																											
		5																											

62 Medium

Nonogram puzzle (30 × 30 grid).

Column clues (read top row to bottom row, left-to-right columns):

Col	1	2	3	4	5	6	7	8	9	10	11	12	13	14	15	16	17	18	19	20	21	22	23	24	25	26	27	28	29	30
																						3								
										3	4							3	3	3	4	4	4							
							6	7	9	5	5	3	3	3	4	4	2	3	4	3	2	3	4	5						
					6	5	3	3	3	3	3	8	7	6	5	5	5	6	7	8	5	2	2	2	5	7				
	4	12	15	18	6	5	5	4	4	3	4	3	3	3	4	4	3	3	4	4	3	9	7	6	5	7	18	14	10	3

Row clues (top to bottom):

Row	Clues
1	2
2	10
3	14
4	18
5	6 6
6	5 3 5
7	6 3 5
8	8 3 4
9	9 3 4
10	4 5 2 3
11	4 5 2 4
12	3 5 2 4
13	3 5 1 3
14	4 5 4
15	4 14 4
16	4 18 4
17	4 18 3
18	3 5 3
19	3 5 4
20	4 5 4
21	4 5 3
22	4 9
23	4 7
24	5 6
25	5 5
26	6 7
27	18
28	14
29	10
30	2

64 Hard

Column clues (top to bottom):

										10	11											11	10											
						8	9	9	10	6	2	11	11	10	8	5	6	8	10	11	11	2	6	10	9	8	7							
	2	4	11	16	18	21	14	14	15	14	5	6	7	9	11	12	13	13	11	10	9	7	6	5	14	15	14	14	20	18	15	10	4	2

Row clues (left to right):

		3
		5
		12
		16
		19
	10	10
	11	10
	11	11
	11	12
	12	12
	12	12
	12	12
	12	12
	4	4
	5	5
	8	8
	10	10
	11	11
	11	11
	10	10
	9	9
	9	9
8	2	8
7	6	7
7	8	6
6	12	6
		24
		22
		20
		18
		14
		10
		8
		5
		3

66 Hard

							3	4		5	3	2	5	5		3	2																	
				2	2	2	2	2	7	2	1	4	2	1	5	2	3	7	8	8	7	7	7	6	11	6	5	4	3					
	4	6	8	4	5	5	3	4	6	6	6	3	4	6	8	6	6	6	6	6	6	6	6	6	1	2	2	3	4	10	8	5	3	

		4
		6
	2	4
	2	4
	3	5
	3	6
3	2	3
4	2	3
4	2	4
5	2	4
3	2	5
2	2	3
5	3	3
5	2	5
	6	8
	4	10
2	3	7
	7	7
	8	7
	8	7
	6	7
	6	7
	6	6
	6	6
	8	1
	7	2
	6	2
	5	2
	3	4
		10
		8
		6
		3

Hard 67

												2																						
												3						3	1			1	1			1								
												1	2	1	1			1	3	1	1	1	1	1	1	1								
									1	1	2	1	3	1	1		3	2	1	4	1	1	1	1	1	1								
						10	1	1	1	2	1	3	3	4	1	4	1	1	6	3	1	1	1	1	1	1								
					2	1	2	3	1	1	1	4	1	2	1	1	6	8	1	2	1	1	1	2	1	1								
			1	1	12	1	1	1	1	2	11	2	2	6	2	1	1	1	5	2	1	1	2	5	1	2	1							
	1	1	4	9	4	2	2	4	4	2	2	2	8	3	3	3	2	2	1	1	4	2	2	2	5	1	6	5	2	1	1	1	1	

						3
					2	1
					1	1
	1	3	1	1	1	1
	2	3	1	1	1	1
		2	3	1	1	1
		1	3	1	1	1
		2	1	3	1	1
	2	1	1	1	1	1
				4	1	1
				2	4	1
				6	2	1
				3	2	2
				1	7	1
				1	4	1
			1	1	1	1
			1	3	1	1
				2	1	7
		2	2	1	1	1
		1	1	1	2	2
		1	2	1	1	1
1	1	1	2	1	3	1
3	1	2	1	1	2	1
	1	2	1	1	1	1
	1	1	2	1	1	1
	1	1	1	1	1	1
	2	1	1	2	2	1
		2	4	1	1	1
				11	1	3
				3	2	16
			1	14	3	5
				16	5	7
					2	12
					2	2
					1	1

68 Hard

(Nonogram / picture-logic puzzle grid)

Column clues (top), read top-to-bottom within each column:

					2		1	1										1	1	2	2
					3		3	3			8		8		8			3	3	3	3
					4	2	4	4		10	8	1	1	2		2	1		2	9	7	4	4	4	4
				5	3	3	3	3	17	3	2	2	4	1	8	1	4	1	2	3	9	3	3	3	3	3	5
			7	4	4	4	4	4	4	4	2	1	2	2	4	2	2	4	2	4	4	4	4	6	5	4	7
	4	16	7	7	3	3	4	3	3	4	2	11	2	2	3	2	2	10	4	4	3	3	4	2	3	6	8	16	2
4	8	12	2	4	5	2	13	3	4	3	3	8	1	5	4	3	4	6	2	3	3	3	3	2	3	2	5	4	2	11	7	3

Row clues (left), read left-to-right within each row:

- 19
- 2 3 3 3 2
- 2 3 3 3 2
- 1 3 3 3 1
- 8 3 8
- 9 3 9
- 9 3 9
- 1 12 1
- 8 2 2 8
- 10 2 4 8
- 8 4 4 8
- 8 8
- 2 1 1 1
- 2 1 1 2
- 10 3 10
- 10 1 9
- 10 5 10
- 3 1 5 1 3
- 3 5 1 1 9
- 28
- 25 3
- 2 6 1 1 1 6 3
- 2 2 1 1 2 2
- 3 7 7 2
- 3 7 6 3
- 2 8 9 2
- 2 4 4 4 4 2
- 3 4 1 3 2 3 2
- 3 2 9 2 4 1 2 3
- 13 19
- 33
- 3

70 Hard

Column clues (top to bottom, left to right across 33 columns):

Col	1	2	3	4	5	6	7	8	9	10	11	12	13	14	15	16	17	18	19	20	21	22	23	24	25	26	27	28	29	30	31	32	33
															4						2				4									
									3			4	5			2	1	2	2	3	2												
							2	2	4	2	4	5		2	3	2	2	2	1	2					2	2	5						
						2	2	3	3	1	1	10	3	3	2	2	2	3	2	5			21	4	3	4		1					
	3	3	3	3		8	4	2	1	1	4	4	5	3	15	9	4	1	1	1	1	2	26	26	2	2	1	2	3	2	1	1	
6	3	4	3	4	12	1	5	4	2	2	2	2	2	2	2	2	2	2	4	3	1	2	1	1	1	1	9	2	5	3	5	5	

Row clues (top to bottom):

Row	Clues
1	6 7
2	9 2 2
3	4 2 2 2
4	3 2 1 2
5	3 2 2 2
6	3 6
7	4
8	3
9	3
10	5 3
11	8 3
12	9 3
13	7 3
14	2 3
15	2 4
16	2 7
17	10 3
18	5 5 4
19	6 3 6
20	2 1 2 3 3
21	5 1 2 3 4
22	9 4 4
23	2 8 5
24	3 7 6
25	2 26
26	8 9
27	6 18 2 1
28	2 21 2 2
29	1 1 1 2 1 2
30	1 1 4 5
31	3 2 1 7
32	6 1 2 1
33	5 2 2
34	3 4

Row clues (top to bottom):

- 4 4
- 1 1 2 1 1
- 2 7 1 1
- 1 2 2 1
- 1 1 2 1
- 1 1 1 1
- 2 3
- 1 2
- 1 1 1
- 1 3 4 1
- 1 2 1 1
- 1 1 1 1
- 1 1 2 1 1
- 4 1 1 1
- 1 15
- 1 9 1
- 2 9 1
- 2 2
- 2 11 1
- 2 1 1 1
- 1 1 1 1 1
- 1 1 1 2 1 2 1
- 1 2 1 2 5 1
- 5 1 1 4 7
- 2 1 3 1
- 2 1 2 2
- 1 1 2 2 1
- 1 4 1
- 1 2 2
- 3 5
- 1 3 2 1
- 1 2 2 1
- 1 1 4 2 1
- 2 1 2 2 1 2
- 8 7

72 Hard

Column clues (top to bottom):

Column	Clues
1	1
2	2 2
3	3 4
4	4 4
5	5 4
6	6 5
7	7 5
8	1 5 6
9	1 4 1 4
10	2 3 6
11	3 2 1 4
12	5 1 1 5
13	7 1 1 3 1
14	9 2 5 1
15	1 8 2 5 1
16	2 8 1 5 1
17	2 8 1 5 1
18	2 8 1 5 1
19	4 8 2 5 1
20	6 8 2 7
21	8 8 1 1 5
22	9 9 1 5
23	6 10 1 5
24	3 11 5
25	19 5
26	2 7 7
27	7 7
28	4 7
29	3 6
30	6
31	4
32	4
33	4
34	2
35	1

Row clues (left to right):

Row	Clues
1	1
2	2
3	3
4	4
5	6
6	7
7	2 5
8	1 4
9	1 4
10	1 2
11	3 2
12	5 1
13	8 1
14	9 1
15	1 9 1
16	1 9 1
17	1 9 2
18	3 10 2
19	4 10
20	6 9
21	8 10
22	9 9
23	6 8
24	8 8
25	7 8
26	11
27	7
28	2
29	35
30	7 1 7 9
31	31
32	31
33	25
34	5 11
35	17

Hard 73

Column clues (left to right, top to bottom):

Column	Clue
1	1
2	1 6
3	2 8
4	8 3
5	6 4 3
6	6 4 3
7	6 4 3
8	3 2 4 2
9	2 3 1 2
10	1 4 4
11	9
12	9
13	4 5
14	4 5
15	3 6
16	3 2 4
17	4 2 4
18	7 3
19	1 8 3
20	1 8 3
21	1 11
22	1 10
23	3 4
24	5
25	6 2
26	3 1 7
27	4 3
28	7 1
29	2 4 2
30	2 5 2
31	2 5 2
32	1 3 1
33	2 2
34	7
35	3

Row clues (top to bottom):

Row	Clue
1	
2	
3	
4	
5	
6	
7	
8	4
9	1
10	3
11	4
12	1 4 3
13	5 10
14	6 13
15	21 1
16	6 13 1
17	1 11 5 5
18	10 7 7
19	3 14 3 2
20	2 4 6 2 6 1
21	2 5 12 2 5 2
22	2 4 12 2 5 2
23	2 4 11 1 5 2
24	3 2 3 2 2 1
25	8 2 2
26	5 7
27	3 3
28	
29	
30	
31	
32	
33	
34	
35	

74 Hard

A nonogram puzzle grid.

Column clues (top):

												3								
												2								
								6	1			2								
				1	1			7	6	4	7	2	8							
		5	4	3	7		2	2	15	16	9	3	6	6	9	7	7	5		
	3	1	1	2	3	8	2	3	3	3	3	8	3	2	4	4	4	2		
1	1	1	1	1	1	5	1	1	1	1	1	1	8	8	3	2	2	1	3	3	3	2

Row clues (left):

	4
2	2
4	2
	7
	9
6	3
	11
	12
5	8
	15
	13
7	3
2	4
2	5
2	4
	6
	6
	4
	3
	3
	4
	3
	3
	3
	3
	4
	10
	10
5	10
5	7
	10
1	8
1	10
6	5
	5

Hard 75

							3														
							2	12				6									
				8	7	6	5	4	13	14		9	6		3						
		6	9	6	3	4	2	3	8	5	14	1	15	6	2	6	5	6	3	3	1
7	10	12	14	5	5	5	4	4	5	5	5	4	6	22	21	19	18	17	14	11	6

	3	5
	9	1
		11
	7	3
		11
		12
2	5	4
	11	3
	13	1
	5	8
		16
		17
	4	10
	3	10
	2	10
	2	9
	7	8
	9	9
	10	9
4	4	9
5	2	10
5	4	9
4	3	9
4	2	7
	4	7
	4	7
7	2	7
	6	10
		15
		13
		10
		3

Column clues (top to bottom):

																					3												
											2						2	1	1	2													
							2	2	1	1	2	1	1	1	1	1	2	2	1														
							2	1	1	1	1	2	1	1	2	1	4	1	2														
						8	3	7	8	10	1	1	1	1	2	5	4	1	3														
	2	2	3	3	3	3	2	5	3	5	4	1	1	2	1	1	4	3	3	1		3	3	3	3	3	2	2					
3	6	4	3	3	3	3	6	18	8	9	1	2	3	1	2	2	2	1	3	2	1	13	20	12	5	3	3	3	3	3	2	7	5	3

Row clues (top to bottom):

- 5
- 4 4
- 5 2 1 4
- 11 11
- 11 11
- 2 3 4 3
- 3 4 4 3
- 3 2 3 2 1 2
- 11 1 1 11
- 11 1 11
- 9 3 10
- 2 3 1 3
- 2 3 1 3
- 7 5
- 6 1 2
- 1 4 5
- 3 2 2 3
- 3 2 2 3
- 2 2 2 3
- 3 1 2 3
- 3 9 2
- 2 1 1 2
- 5 5
- 5 1 2
- 5 2 2
- 1 1 2 1
- 1 1 1
- 13
- 2 2
- 7
- 3

Column clues (top, read top-to-bottom per column):

													5											11	8	4							
		3	3			8	6	6	6	5	11	11			13							11	8	4									
6	8	9	5	4	9	9	4	6	8	10	4	5	4	17	17	17	2	14	13	14	16	5	6	5	5	5	4	4	4	4	4	3	3

Row clues (left, read left-to-right per row):

		3
		3
		4
		4
		4
		4
		5
		5
	5	3
	5	5
	5	8
	5	9
		14
		13
		11
		11
		11
		12
		19
		19
		19
	3	14
4	6	6
	10	7
	8	6
	7	8
	5	8
	4	3
	2	3
	3	3
	4	4
		9
		8
		7
		5

78 Hard

Column clues (top):

												13	7	5	5	7	5 1 3	5 1 1		5									2 9 7				
12	15			18	20	13	3	3	1	1	1	2	2	5	1	5							18	8	8	5	5
7	7	27	29	30	10	4	6	2	7	9	1	7	5	5	2	2	2	6	17								
1	1	7	1	1	1	1	1	1	1	5	4	4	3	1	11	1	2	1	1	1	9	12	13	31	30	11	1	1	1	1	1	1	1

Row clues (left):

- 13
- 17
- 19
- 20
- 21
- 8 5
- 9 5
- 9 5
- 9 4
- 9 4
- 10 4
- 13 2 5
- 10 2 1 6
- 7 1 6
- 8 1 6
- 8 2 6
- 8 2 6
- 8 3 6
- 9 5
- 4 4 4 5
- 4 2 2 5
- 4 3 4
- 5 5 7
- 5 17
- 7 7 8
- 8 6 8
- 7 5 10
- 7 5 10
- 10 3 10
- 13 10
- 11 1 14
- 3 8 5
- 7 8

80 Hard

							1													1	1	1	1								1			
						1	2	1	1	1	1									3	3	4	3	1		1					2	1		
		1		1	1	4	1	15	4	2	5	1	1		1		1	1		1	4	6	1	3	1	5	1			1	2	10		
	1	1	1	22	22	3	2	3	2	5	9	1	1	1	5	1	12	14	1	1	1	1	1	1	9	3	1	1	1	11	2	1		
	30	1	1	1	1	1	1	1	1	1	1	15	13	19	19	28	6	1	31	19	16	1	17	22	20	1	17	19	19	1	1	2	1	13

								34
								1
							7	1
						2	10	1
						1	10	1
				1	4	1	2	1
				1	4	4	2	1
				1	5	7	4	1
		1	3	1	5	2	1	1
			1	5	5	2	1	1
		1	2	1	5	2	1	1
		1	2	1	5	1	1	1
				1	2	1	9	1
			1	2	1	4	1	3
				1	2	1	7	8
		1	2	1	5	3	3	4
1	2	1	1	3	3	3	4	1
	1	2	1	2	3	7	4	1
	1	2	5	3	3	3	4	1
1	2	2	2	3	3	3	4	1
		1	2	2	6	3	3	6
		1	2	2	5	3	3	6
		1	2	7	3	3	4	1
			1	2	7	3	3	6
			1	2	9	3	3	6
			1	13	3	3	3	1
			1	5	6	3	3	3
		1	3	7	3	3	3	1
			1	1	7	3	3	3
				1	7	3	3	3
				1	7	3	3	3
			1	6	3	3	3	1
								32

Column clues (top):

																	2						
						2											2		11				
				11	4	1											1	3	3	3			
		4	3	3	2	4				1	1						2	1	2	2	4		
	5	2	2	1	1	1		3	1	1	3						1	1	2	6	2	4	6
5	6	3	6	11	4	2	1	17	18	23	22	22	22	22	23	17	1	2	3	4	5	2	4	5

Row clues (left):

- 1 1
- 1 1
- 1 1
- 1 1
- 1 1 1 1
- 1 1 2 1 1
- 1 1 1 1 1 1 1
- 1 1 1 1 1 1 1
- 2 1 2 2 1 2
- 1 2 1 2 1 1 2
- 1 2 2 2 2 1
- 2 1 6 2 2
- 1 14 1
- 2 12 2
- 2 9 3
- 16
- 10
- 9
- 17
- 2 10 3
- 2 14 2
- 2 15 2
- 2 1 9 2 1
- 1 2 9 2 1
- 2 1 11 1 2
- 2 1 9 1 1
- 2 2 11 2 1
- 1 2 9 2 1
- 1 2 9 1 1
- 2 7 1
- 2 6 2
- 2 4 1
- 1 2 1
- 1 1

82 Hard

3
1 3
5 2
1 4 2
4 1
5 1 1 1 3
5 1 4 3 2
1 2 5 2 2 1
1 2 1 1 4 1 6
1 2 2 1 6 4
1 4 1 1 5 1
1 2 3 1 1 1 2 1
1 1 11 1
1 2 8 6
1 14
1 6
1 1 9
10
1 1 9
1 6
1 14
1 2 8 6
1 1 11 1
1 2 3 1 1 1 1
1 4 1 5 1
1 2 2 1 1 4 4
1 2 1 1 5 8
1 2 6 2 2 1
4 1 4 3 2
5 1 1 4
4 1
1 3 2
6 2
1 3
4

1 1
6 1 1 5
1 1 5 1 1 5 1 1
1 1 3 2 1 1 1 3 1 1
1 5 1 2 3 1 1
3 5 1 1 1 1 5 4
1 1 5 1 1 1 5 3
1 1 2 5 3 5 2 1 1
1 3 7 3 1
1 1 17 1
1 13 1
1 20 1
4 11 4
2 13 2
2 1 3 3 3 3
5 4 3 3 5
1 4 3 3 1 2 1
1 3 1 1 1 1 3 1
1 5 1 1 5 1
1 2 3 3 3 1
2 3 2 2 3 2
1 1 1 1 1
1 1 1 1
1 1 1 2
3 2 2 3
2 1 1 2
2 2
2 2
2 2
1 1 1 1
2 2

Column clues (top), read top to bottom:

																													1				
																													1				
																								1	1	5	6				5		
																						1	1	5	10	12	17				15	2	
7	5	3	3	2	19	20	20	20	21	19	20	20	21	21	20	20	19	1	1	1	2	6	5	6	4	2	2	2	34	34	2	11	6

Row clues (left), read left to right:

			4
		1	7
		2	6
		4	6
		18	5
			31
2	13	2	3
1	13	3	5
	13	4	6
		13	11
		13	11
		13	10
		13	9
		13	8
		13	8
		13	9
		13	9
		13	9
		13	9
		13	4
		13	4
		13	3
		13	3
	4	6	3
	1	2	2
			2
			2
			2
			2
			2
			2
			2
			6
			6

Hard 85

Column clues (top):

														2		6		7			5	4											
								1				5	4	2	8	4		7	7	1	1	3			1								
				8	7	7	2		3	2	7	4	4	3	9	8	4	4	4	6	4			2	5	6	7						
1	3	6	8	8	7	3	5	7	7	9	7	2	2	3	3	13	23	4	2	2	3	4	7	8	6	6	4	2	8	7	6	5	3

Row clues (left):

- 5
- 6
- 9
- 11
- 11
- 10
- 7
- 1 1
- 2 3 4
- 4 1 1 2
- 4 1 1 2
- 2 2 3 3 4 2
- 7 4 6 6
- 7 10 8
- 9 9 9
- 9 6 8
- 8 1 7
- 8 1 7
- 4 3 1 3 2
- 2 2 3
- 5 2 6
- 7 2 7
- 6 2 2 9
- 7 1 2 2 6
- 7 6 5
- 5 4 3
- 3 4
- 3
- 2
- 2
- 2
- 2
- 1
- 1

86 Hard

(Nonogram puzzle grid)

Column clues (top):

								2	3																	
					2	3		9	4	3	1	3							1		1					
		2	3		5	1	2	8	1	1	3	7	2			2	2	1	1	1		1				
	2	4	1	3	3	6	1	1	7	2	2	2	2	3	19	18	8	5	1	1	4	2	9			
2	7	8	4	3	3	3	5	1	5	1	2	3	2	2	9	1	2	8	3	5	3	4	2	2	8	3

Row clues (left):

				clue
				2
			1	1
			2	1
			2	2
		1	2	2
			1	4
			2	3
	5	2	3	3
4	1	1	2	2
4	2	2	2	2
2	1	2	1	2
1	4	1	2	2
2	2	2	2	2
2	3	2	2	2
	3	4	7	1
			18	3
				20
			3	13
		5	1	6
		2	3	3
			1	7
		2	3	4
		2	1	4
		2	1	5
			7	3
		1	1	4
			1	4
			1	5
		2	3	2
		5	1	1
			4	3
		1	1	3
			3	2

Column clues (read top to bottom):

3				2	3	2	3	3	2	3	2	3	3	2		2	1																	
2	2	3	2	2	2	2	2	2	2	2	2	2	2	2	7	1	1	1			2	1			2	2								
3	2	2	2	2	2	2	2	2	2	2	2	2	2	2	1	2	2	5	2	3	3	2	1	3	3	3	2	1	2	2				
4	8	6	4	5	5	3	3	3	2	3	2	3	2	3	2	3	2	3	2	4	3	2	2	6	2	1	2	4	4	4	2	1	2	4

Row clues (read left to right):

- 2 5 3
- 10 9
- 6 2 1 2 1
- 7 1 2 1 1
- 6 1 1 1 2
- 6 3 1 2 3
- 6 6 1 1 2
- 5 5 1 1 3
- 4 5 1 1 2
- 2 4 1 1 2
- 2 5 1 2 2
- 6 1 4
- 2 3 1
- 3 5 2 2
- 3 4 4
- 1 4 5
- 3 5 5
- 8 6
- 5 6
- 3 5
- 9
- 6
- 3

88 Hard

Hard 89

									1			1			1	2	1		1															
						4	3	5	2	2		3	1	1	1	3	1		2					3										
						7	9	8	9	2	2	2	4	13	11	13	1	1	2	1		12	11	9	17			4	3	2				
		4	9	11	12	7	7	7	5	5	8	9	10	3	2	5	21	9	5	9	13	4	5	3	2	17	16	9	6	1				
	3	1	1	1	2	1	1	1	1	9	12	6	5	1	4	1	2	10	7	8	8	3	1	2	1	1	1	1	1	1	2	1	1	

					2
					4
					6
					9
				8	1
				3	3
			6	2	4
		2	1	2	5
		3	2	3	5
		2	5	1	10
	4	3	1	1	9
		5	3	2	10
3	1	1	1	2	13
		4	3	2	12
		3	3	8	9
			3	3	17
				10	14
					24
					23
					21
				1	16
			7	2	3
			4	3	3
				3	2
			1	2	2
			1	2	3
	3	2	3	1	2
		3	3	2	4
				7	9
					20
			10	6	3
				16	2
			7	2	5
			2	3	8
	3	5	5	1	7

90 Hard

Column clues (top to bottom, columns 1–35 left to right):

											1																							
								1	1	1	1		1		1													1						
				1	1	1	1	1	1	1	1	1	3	1	3		1	1	1	1	1	1	1	1	1	1	1	1	1	1	1			
				1	1	1	1	1	1	1	1	3	1	3	3	1	1	1	1	1	1	1	1	1	1	1	1	3	1	1	1			
				6	8	9	9	7	7	6	4	1	8	8	2	3	1	1	5	5	4	5	4	1	3	2	2	1	3	1	1	1		
		1	1	3	2	2	2	2	3	2	2	7	6	6	6	8	6	1	5	5	5	4	4	5	6	6	7	4	4	4	4	13		
	28	30	30	1	1	1	1	2	3	4	6	7	1	1	1	1	1	5	1	1	1	1	1	1	1	1	1	1	1	1	1	15	1	
34	1	1	1	1	1	1	1	1	1	1	1	1	1	1	1	1	1	1	1	1	1	1	1	1	1	1	1	1	1	1	1	1	1	35

Row clues (rows 1–35, top to bottom):

					35
				2	1
				33	1
		4	5	1	1
		4	14	1	1
	4	3	2	1	1
	4	5	4	1	1
		10	6	1	1
		14	7	1	1
	11	4	1	1	1
	15	2	2	1	1
		16	2	1	1
		16	2	1	1
		4	6	5	1
	4	3	2	1	1
	4	3	5	1	1
		4	4	8	1
4	2	3	10	1	1
	4	2	13	2	1
	4	1	6	9	1
	4	2	5	8	1
	4	2	5	7	1
4	2	5	4	1	1
	4	2	4	1	1
		6	4	1	1
		5	5	1	1
		5	5	1	1
		4	4	1	1
	1	2	4	1	1
	1	2	5	1	1
	1	2	5	1	1
			1	31	1
				1	1
				18	1
					16

Nonogram puzzle.

Column clues (top):

	6	5	3	5	6	6	5	5	4				4	4								2	1	
6	8	10	11	13	14	14	7	7	7	7	8	9	9	7	4	10	9	10	5	2	4	3	4	3	5	3	5	5	2	2	4	2

Row clues (left):

	3
2	2
2	2
	5
	4
	4
	3
	4
	3
	5
	4
	4
3	4
	10
	9
	9
	10
6	4
8	5
9	5
8	5
9	6
8	5
7	4
7	4
7	4
	15
	14
	12
	11
	9
	7
	4

Column clues (top), read in stacked rows:

```
                                        1   2       1
                            1           1 1 2   5   3
                  1 1     2 2 1     6 1 2   5     2 6 11 11       4
      11 6 3 1 2 1 7 5 1 6 5 3 1 4 2 3 3       4 5 1 1 12 6 7
       2 14 13 12 5 7 1 4 3 5 1 1 6 7 6 1 4 2 7 2 2 2 2 1 5 1 11 8
       1 1 1 1 5 13 21 1 1 3 1 1 3 3 1 9 2 1 16 3 3 1 1 1 1 1 1 4
     8 13 1 1 1 1 1 9 2 2 2 2 2 3 3 3 2 2 3 4 2 2 2 2 2 4 4 4 4 1 1 5 4
```

Row clues (left):

Row	Clues
1	8 3
2	4 9
3	3 1 7
4	2 10
5	2 11
6	3 10 2
7	3 2 1 1 2 4 3
8	3 3 2 1 4 3 3
9	3 3 4 1 9
10	3 3 3 8
11	2 4 1 4 10
12	4 10 1 3 6
13	5 9 5 6
14	5 14 2
15	6 9 3 1
16	15 1 2 1
17	2 7 1 1 2
18	2 6 1 1 1
19	2 6 1 2 1
20	1 6 5 1
21	3 2 5
22	3 2 3 1
23	17 6 2
24	10 4 3
25	18 5
26	5 8
27	3 3
28	5 15
29	5 4 2 4
30	23
31	13 1 12

Column clues (top, read top-to-bottom within each column):

```
                              4
                  4       1 2 1                 1
                  2       2 1 4 1 1       1 4           2
            2       1 3 4 1 2 1 2 1 1 1 2         3 1
          1 4 1 1 2 2 2 1 2 2 1 1 3 1     1 1 1 1 3 9
      3 1 4 18 2 2 4 2 4 2 1 1 3 1 1 2 5 5 1 4 9 8 2 2 2
      1 2 2 3 5 2 3 3 2 5 2 5 3 1 2 3 4 2 2 1 7 2 4 6 1 5 1 1 1 1 1 4
```

Row clues (left):

Row clues
10
4 3 2
4 2 1
3 1 3
1 1 2 2
1 1 2
1 2 2 1 1
7 1
1 1
1 1 1
1 1
1 3
1 2 2
1 2 2 2
5 1 3
2 2 3 3
4 4 3
4 2 3
2 1 1 1 3
1 1 2
1 3 3
2 5 1
5 2
8 5
2 3 5 5
8 3 3 1 1 1
2 4 2 1 2 1 1 1
3 2 2 1 2 2 2
5 2 3 1 2 1 2
2 1 1 3 1 1 1
2 1 2 1
1 1 1 3
1 1
2 1
1

Nonogram puzzle grid.

Column clues (top):

```
                              2
              2  2  3      12 2        6  3  3
           4  2  1  4  4 13  1  6  2 10  7  2  2  7
     4 3 3 2 2  1  1  1 10  1  1  6 14  6  9  2  4  1  6  5  5  5
     2 2 2 2 1  1  1  1  2  4  1  3  1  1  2  2  2  3  1  3  4  2  2  4  5
  9 14 5 4 4 6  4  4  3  3  3 11  3  3  3  3  3  3  2  5  3  2  2  3  3  4 14 11  3
```

Row clues (left):

```
                        7
                       13
                    7   7
           3   4   4    4
               5   7    4
               3   2   15
                   2   16
           2   7   3    4
           2   7   1    4
           2   7   1    2
       2   4   1   2    3
       2   5   1   2    2
       2   2   2   2    2
           7   1   7    2
       9   2   4   1    3
           2   1   7    3
       2   1   1   6    3
       3   1   1   2    2
 2 1   2   1   1   2    2
 2 1   1   1   2   1    2
 3 1   2   1   1   5    3
     4 3   1   1   4    2
     4 3   1   1   1    2
     5 3   1   2   1    3
           5   1   1    3
               7   5
              15
              12
               7
```

Hard 95

Column clues (left to right, read top to bottom):

Column	Clues
1	7
2	1 3
3	2 6 2
4	2 1 3 2
5	1 2 6 1
6	1 5 4 2
7	1 2
8	5 1 4
9	2 2 1 2
10	4 2 1 2
11	1 1 1 3 2 1 2
12	2 1 1 1 1 1 1
13	1 1 1 5 1 1
14	1 1 1 1 1 2
15	3 1 2 6 1
16	2 1 1 1 6 1 1
17	1 1 1 1 1 1 1 1
18	1 1 1 1 1 1 1 1 1
19	1 1 2 1 1 5 1 1
20	4 1 1 2 1 1 1
21	2 1 1 5 1 2
22	1 1 1 5 1 2
23	2 1 1 1 1 1
24	3 1 1 4 1 2
25	2 2 1 1 1 2
26	2 2 1 1 1 2
27	2 8 2 4
28	1 2 1 2 2
29	1 2 1 2 6
30	1 2 2 9 2
31	3 1 1 3 2
32	1 6 2
33	1 2 2
34	7
35	3

Row clues (top to bottom, read left to right):

Row	Clues
1	3
2	1 1
3	4 1 2
4	2 1 2 2
5	1 2 1 2
6	4 4 1 2
7	3 1 2 3 1
8	2 3 1 2
9	3 4
10	1 1 1 1
11	2 1 3
12	6 1 1 1 1 4
13	1 3 2 2 4 1
14	1 3 2 9 1 1 2
15	1 1 2 2 2 3 2
16	1 1 1 4 3 2 4
17	1 1 1 6 2 3
18	1 1 2 1 1 1
19	5 1 1 1
20	1 2 4
21	5 2 1 2 1
22	1 2 1 1 4 3 1 4
23	3 1 1 2 4 1 2 1
24	1 1 1 2 2 1 4 1 1 1
25	1 1 1 2 5 1 1 3
26	1 3 2 1 2 2
27	2 1 3 1 1 2
28	2 1 2 1 2
29	1 1 1 1
30	1 2 3 1
31	2 4 2
32	2 2
33	2 2
34	4 4
35	9

96 Hard

4
6 4
2 7
1 3 2
1 1 1
1 2 1
1 1 1 1
1 3 3
1 2 1
1 2 1
1 1 2 1
1 2 2 3
1 1 2 3
1 1 2 3
1 1 1 5
1 2 1 1 3
5 1 2 5
2 2 2 1 1
2 1 1 1 1 1
1 2 1 3 1 2
1 2 1 4 1
1 1 1 1 5 1
1 2 6 1
1 1 1 1 1 3 1
1 2 1 3 2
1 3 3 2 3 1 1
1 1 1 4 1
1 1 3 1 4 1
1 4 4 1
10 1 5 2
3 5

4 2
3 1 3
2 1 2
1 1 1
2 1 1
1 1
1 1 1
1 2 1
1 1 1
1 1 1 1
1 1 1 1
1 5 1 2 1
2 2 7 1 1
2 2 1 1 3
1 1 2 1 1 2 2 1 2
1 1 2 1 1 4
2 1 1 1 1 4
3 1 9 1 1 1
3 1 3 2 1 1 1
3 1 5 3 1 1
1 3 1 1 4 1 1
1 1 5 2
2 1 5 2 2
12 10
1 10
1 9
1 5
1
3 1
6 1
6

Hard 97

						1																												
						2																												
				1	1	1	1																			2								
			2	1	1	1	2	1	1	1	1							2				13	3	4	2	1	1							
		6	3	2	1	2	1	4	7	2	2	2	1	1	1	1	1	15	17		14	2	7	3	5	4	5	1						
		1	1	1	1	1	1	1	1	1	13	20	5	16	15	15	15	2	3		3	2	2	1	1	1	3	3						
	1	1	2	1	1	1	11	12	12	12	1	1	22	2	2	1	2	1	1	24	1	1	1	1	1	1	2	4	1	1	1	1	1	

				4
			2	3
	1	1	1	2
	1	2	1	2
1	1	1	1	1
	1	2	1	1
1	2	2	1	1
1	7	2	1	1
1	3	2	1	1
1	2	1	1	1
	1	8	2	5
	1	2	12	1
	2	13	1	3
		3	12	3
		1	18	3
		2	17	3
		2	17	3
				21
				19
				19
			17	1
			16	1
			17	1
		1	15	1
	1	14	1	1
1	10	1	2	1
1	2	1	1	1
1	2	3	1	1
	1	3	1	1
		3	5	1
1	1	1	1	1
	2	1	1	1
		2	1	1
		3	1	1
				6

98 Hard

Column clues (top, as printed top-to-bottom):

								6																							
---	---	---	---	---	---	---	---	---	---	---	---	---	4																		
							7	1				4	6	1	4			13	12	7	10	6				6	5	5			
			2	3	4	4	6	7	6	1	6	6	7	12	4	5	3	3	4	1	1	2	2	5		7	3	3	2	2	1
1	2	3	4	6	7	8	6	1	13	18	20	21	14	15	20	15	25	26	14	14	13	7	6	16	19	13	8	8	4	2	1

Row clues (left, as printed):

- 2
- 3 2
- 9 7 1
- 9 7 3
- 7 7 4
- 8 12
- 11 11
- 14 12
- 6 8 1 6
- 3 13 2
- 1 14 2
- 3 4 6
- 4 2 5 9
- 4 10 10
- 5 9 3
- 8 6 2 1 6
- 9 6 3 7
- 15 1 2 7
- 4 3 5 8
- 3 21
- 21
- 14 5
- 14 3
- 13 1
- 13
- 13
- 13
- 13
- 13
- 13
- 13
- 13
- 11

Column clues (top):

```
                              2 3 6 3   4       3   4 6 3 2
                          2 2 2 2 1 3 1     1 3 1 1 1 2 2
        2 1 1 2 1 6 6 1 2 3 2 2 2 1 4     4 1 3 2 3 3 2 1 6 6 2 2 2 1 2
        2 2 3 3 3 3 3 3 3 3 1 2 2 3 3 5 32 34 32 5 3 3 2 2 1 3 3 3 3 3 3 2 2 2
```

Row clues (left):

```
                    1
                    1
                   11
                   23
                   23
2   2   4   3   2
2   1   3   1   2
2   1   3   1   2
2   1   3   1   2
                    7
    1   3   1   1
        1   3   1
        1   3   1
1   1   3   1   1
        1   3   1
            3   1
1   1   3   1   1
        1   3   1
            3
1   1   3   1   1
        1   3
            3
1   1   5   1   1
    1   1   5   1
            5
1   1   5   1   1
       14   3  14
       12   3  13
        9   3   9
            5
            5
            9
           13
           15
```

100 Hard

A nonogram (picture logic puzzle) grid.

Row clues (top to bottom):

- 4 2
- 3 3
- 2 2
- 1 1
- 1 1
- 1 1
- 1 4 4 1
- 1 2 1 1 2 1
- 1 1 1 1 1 1
- 1 1 1 1 1 1 1
- 1 7 1 7 1
- 1 2 1 2 1 1 6 1 1
- 1 2 1 3 1 1 1 6 1
- 1 7 1 1 7 1
- 1 4 1 1 5 1
- 1 4 2 1 5 1
- 1 1 1 1 1 1
- 1 1 1 1 1 1
- 1 1 1 1 2 1 1 1
- 1 1 3 1 1 1 1
- 1 1 8 1 1 1
- 1 1 1 1 1 1 1
- 1 1 1 1 1 1 1 1
- 1 2 7 8 1 1
- 1 2 13 1 1
- 1 1 1 1 1
- 6
- 1 1
- 1 1
- 2 1
- 3 3
- 4 2

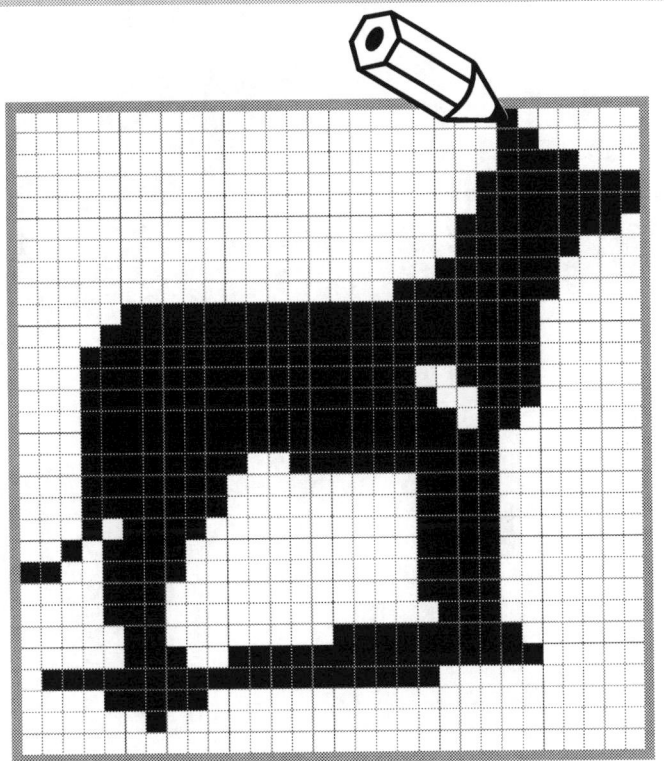

1 TV Set

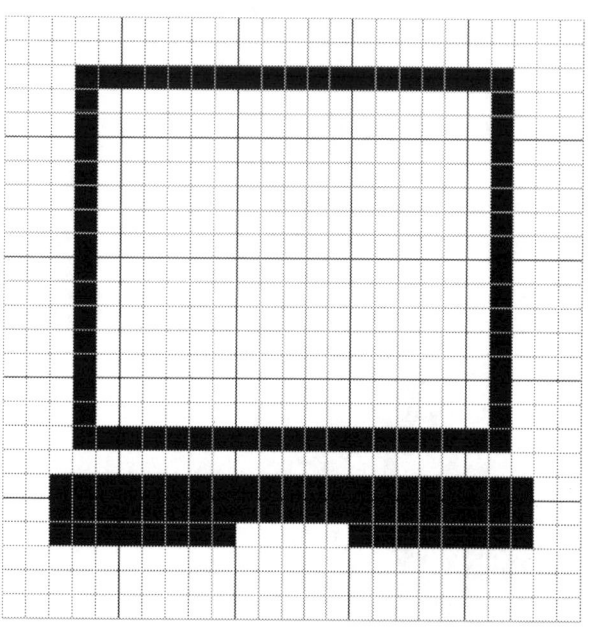

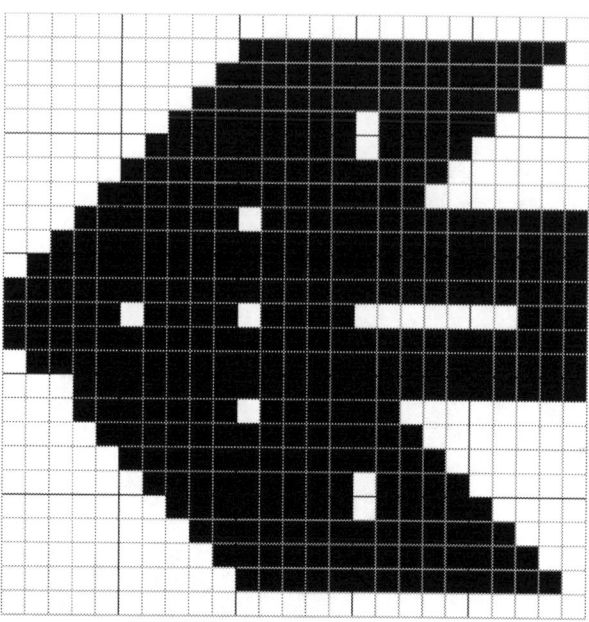

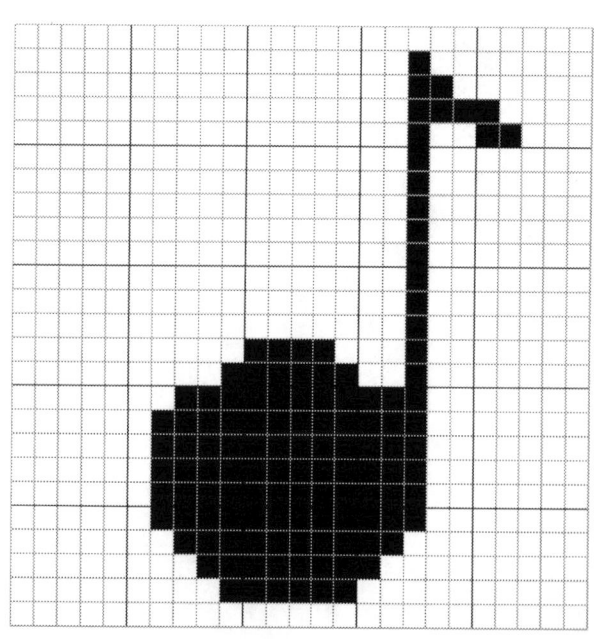

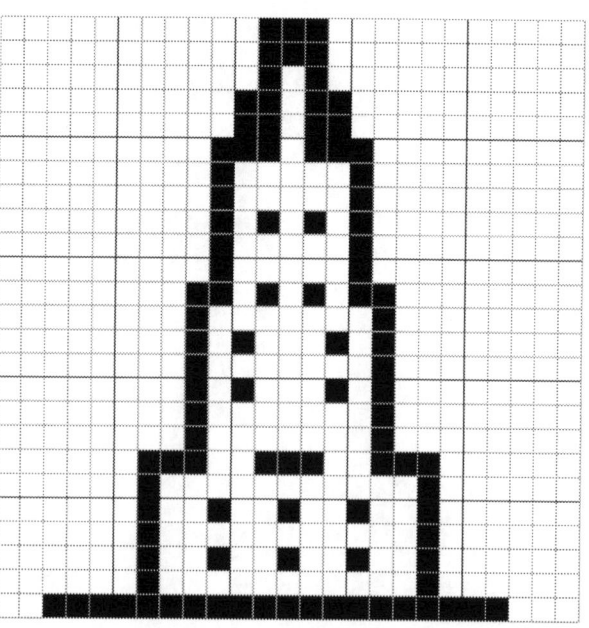

3 Music Note

Skyscraper 4

5 X

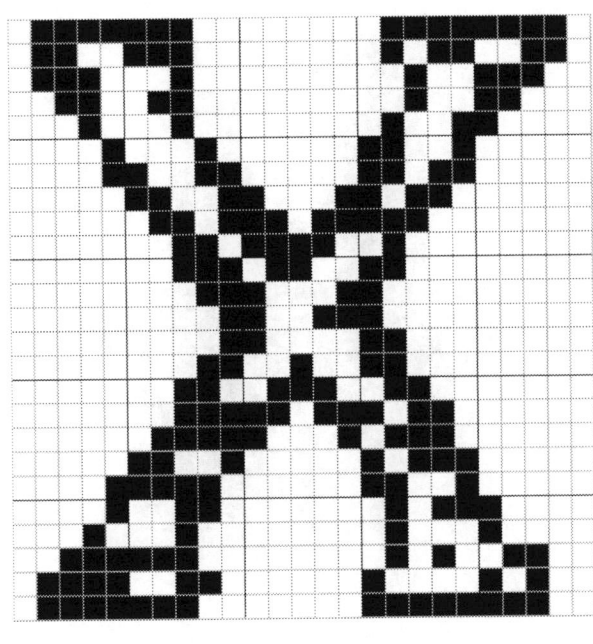

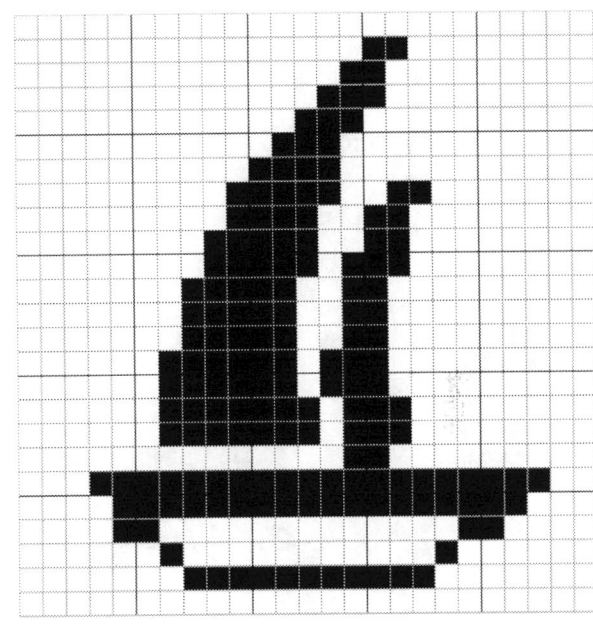

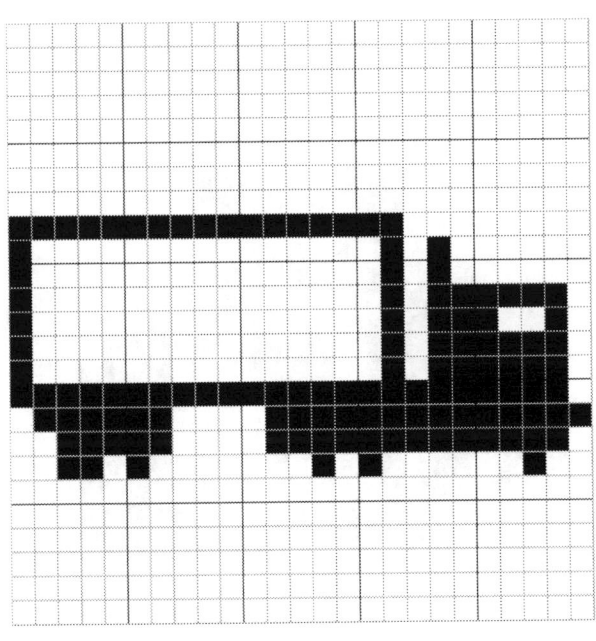

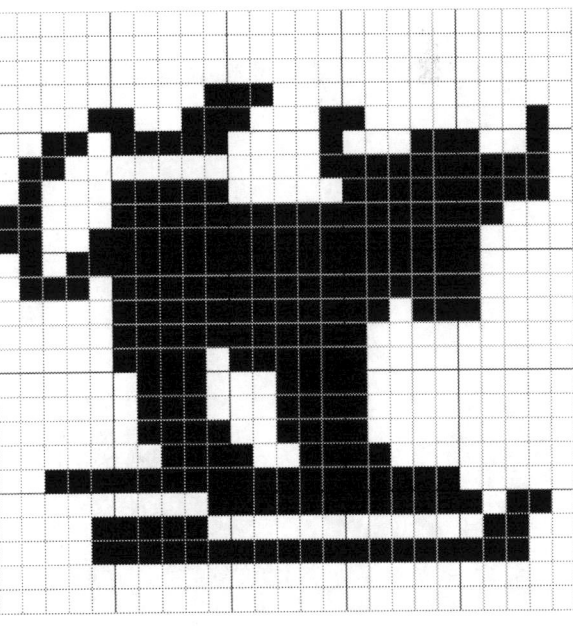

9 Pair of Socks

Down Arrow 10

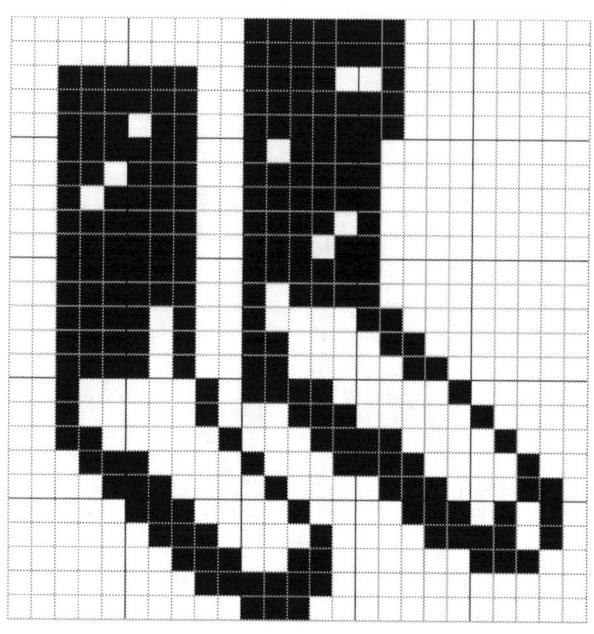

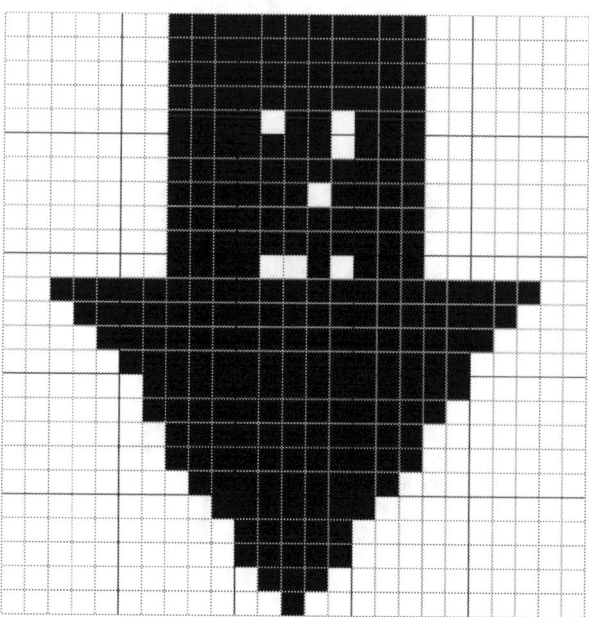

11 Heart

Dining Room Light 12

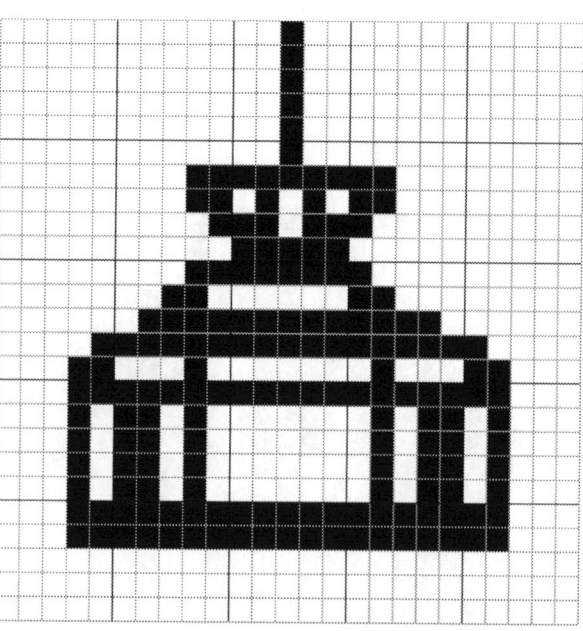

13 Table Lamp

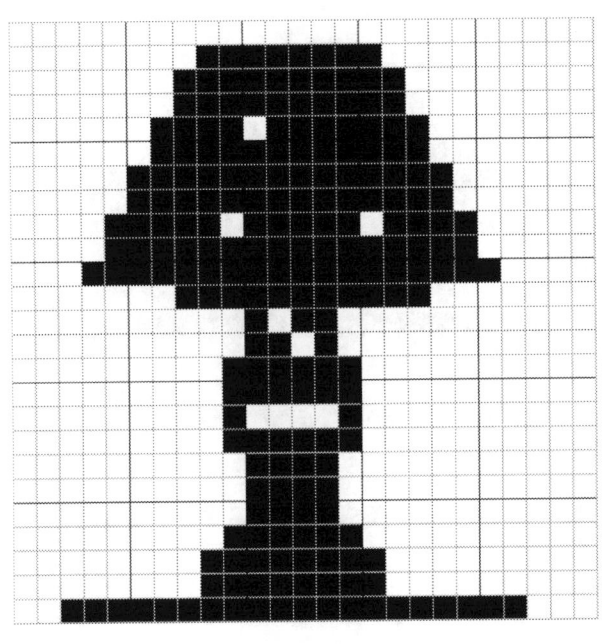

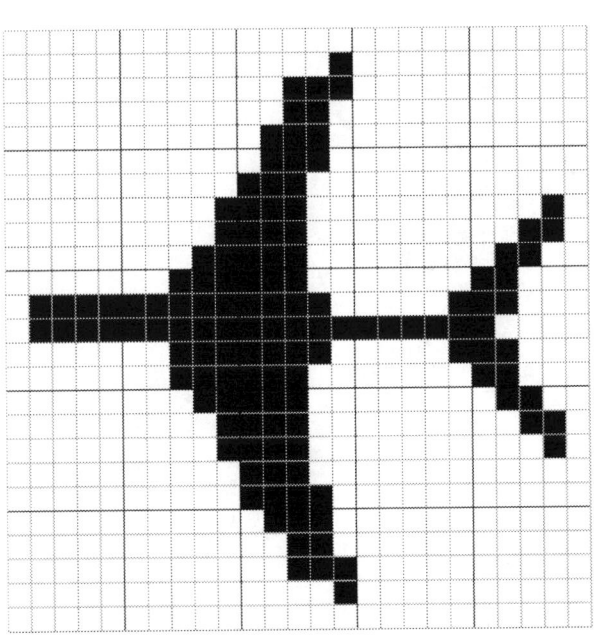

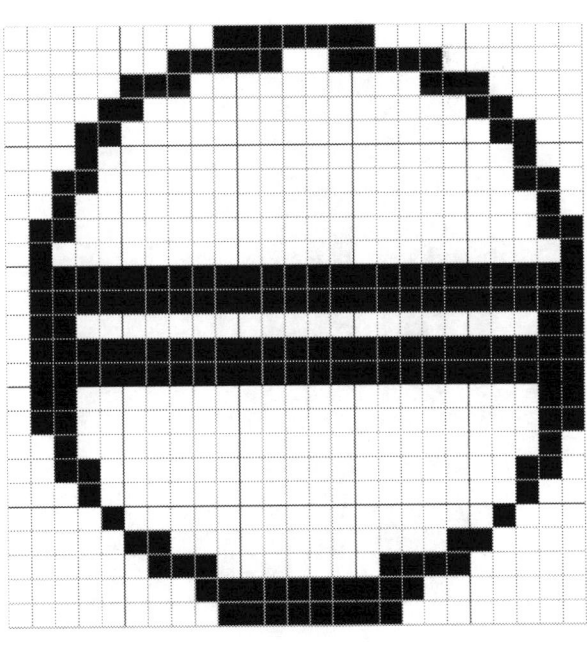

15 Aircraft

Screw Head 16

17 Brick and Trowel

Fancy Clothes Hanger 18

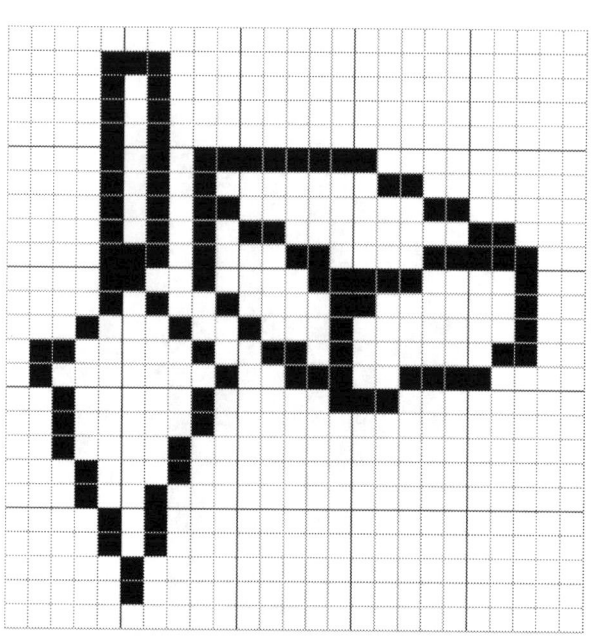

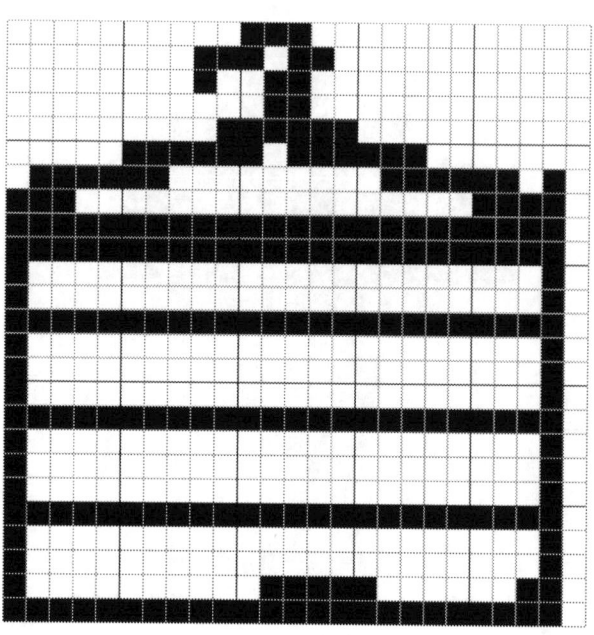

19 Cowboy Boot

Handsaw 20

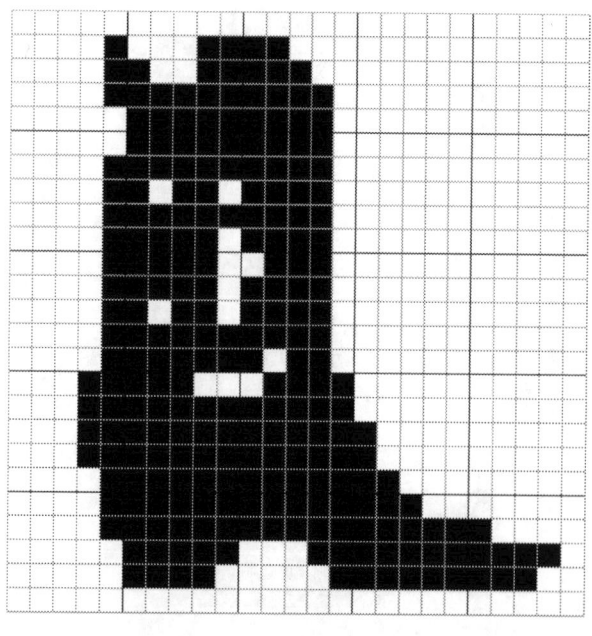

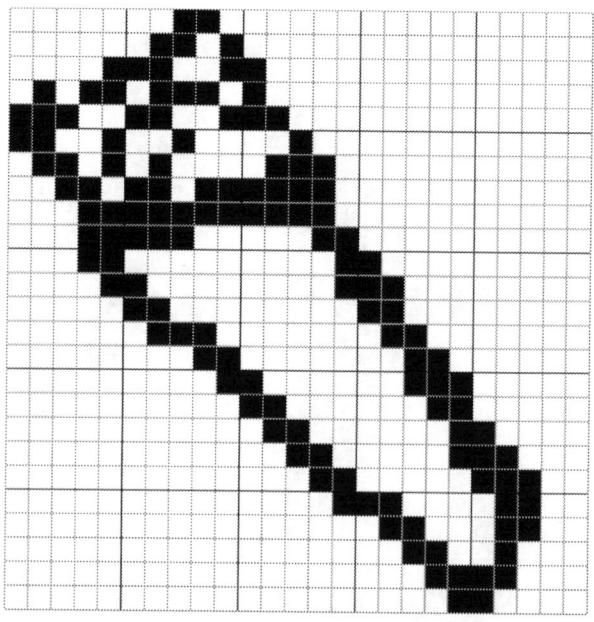

21 Pound Sign

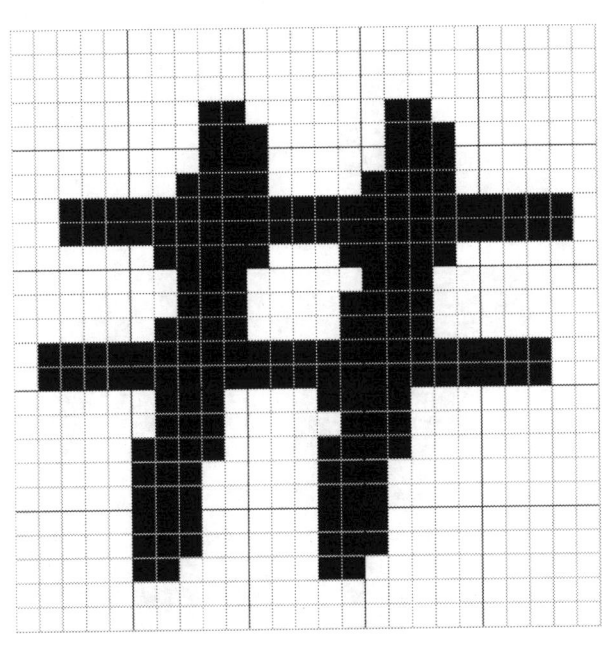

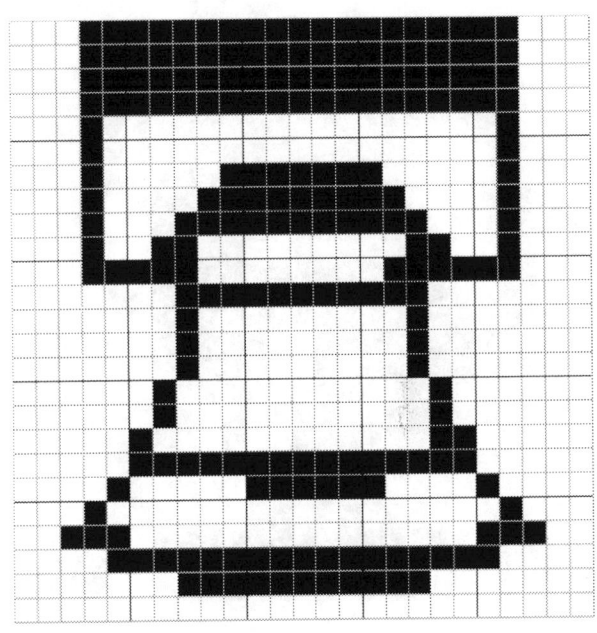

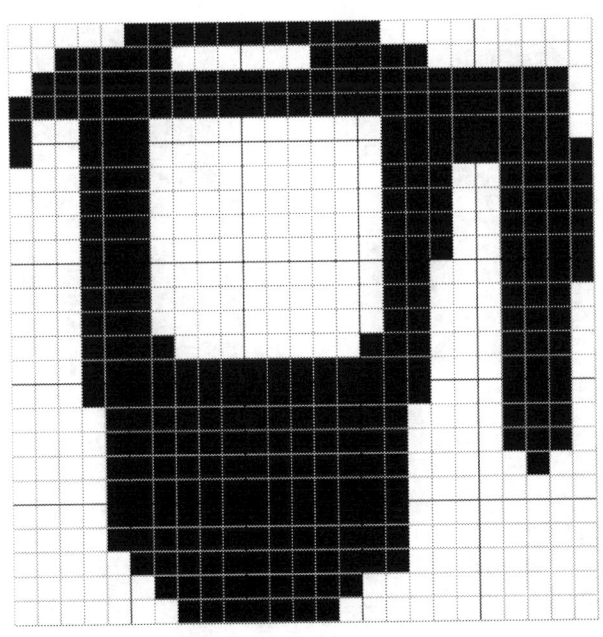

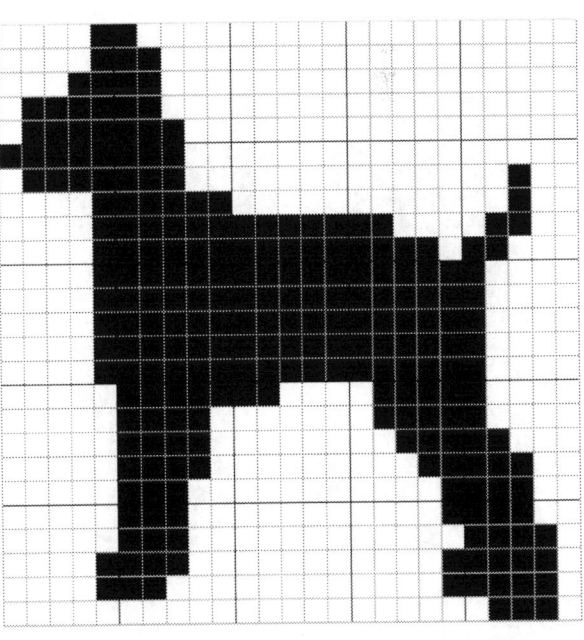

23 Coffeepot

Dog 24

25 Bird

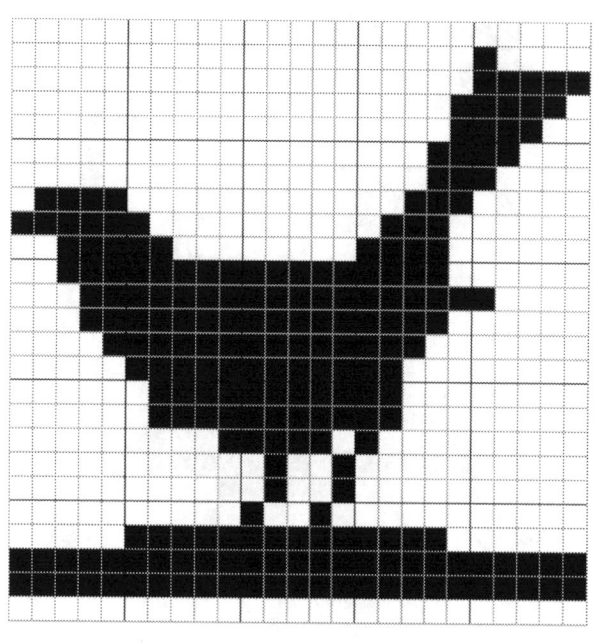

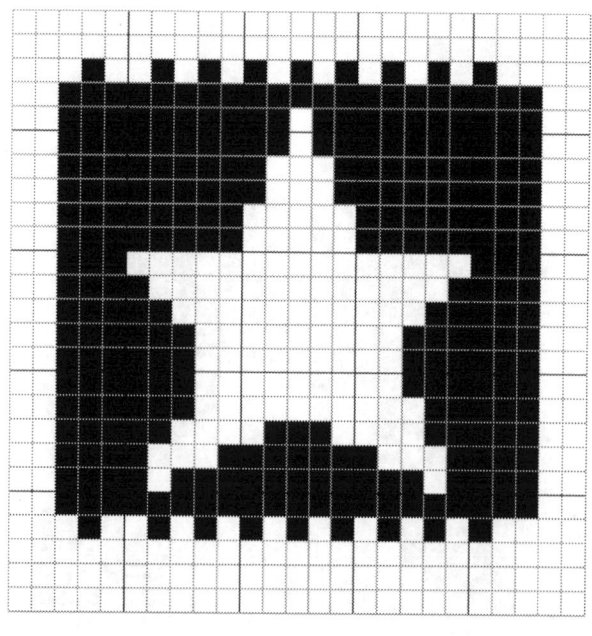

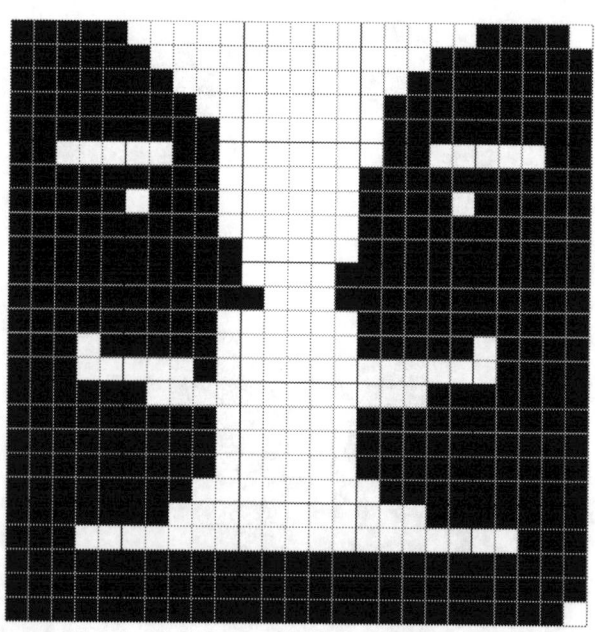

29 Puppy

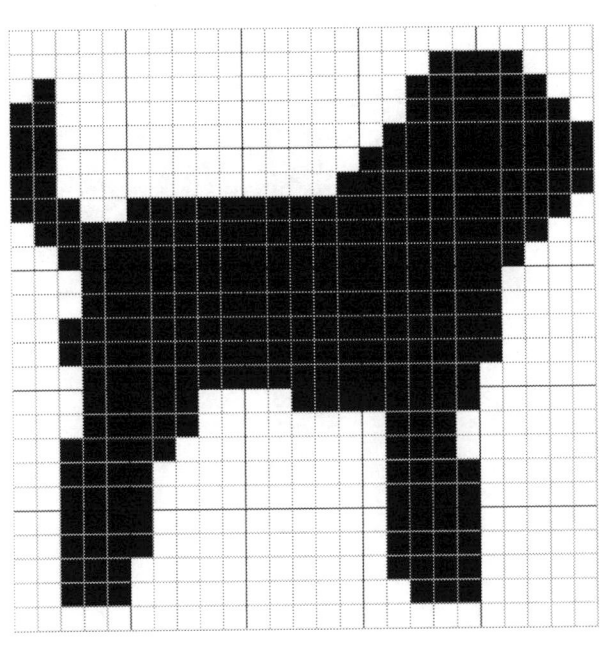

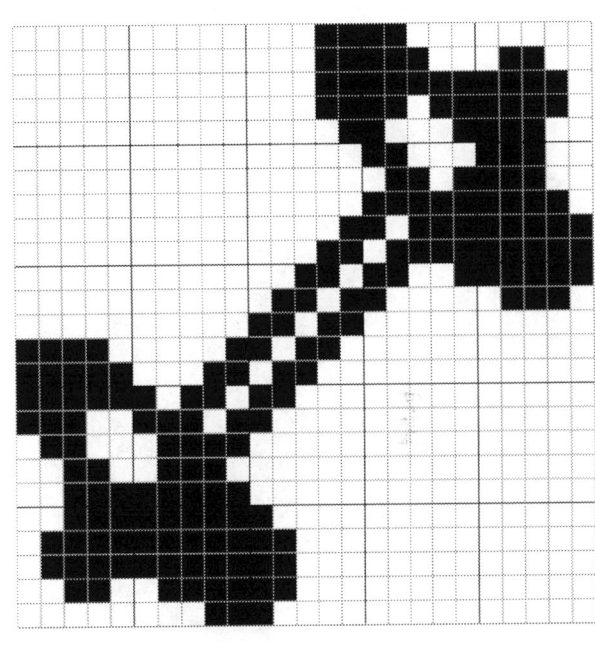

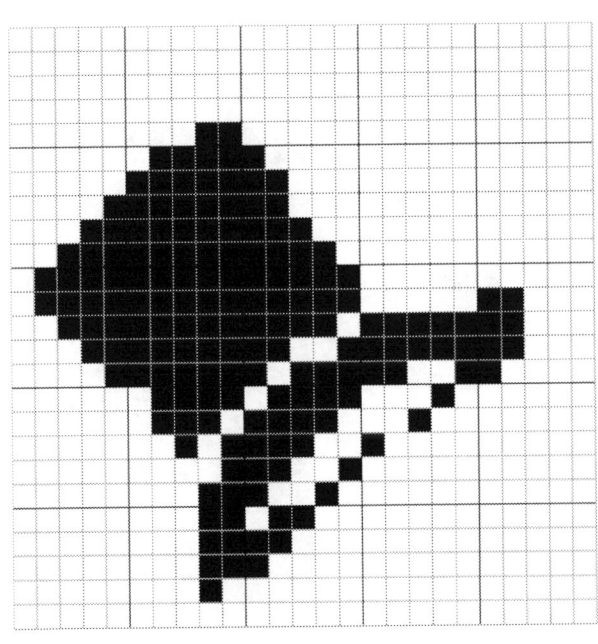

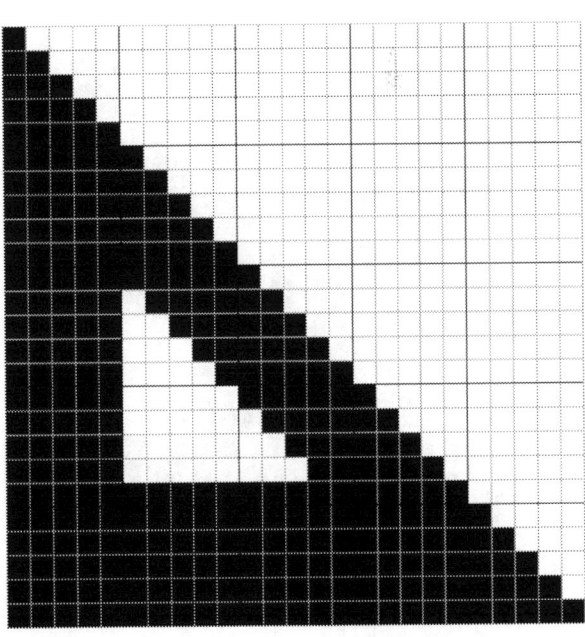

31 Top Hat

33 Action!

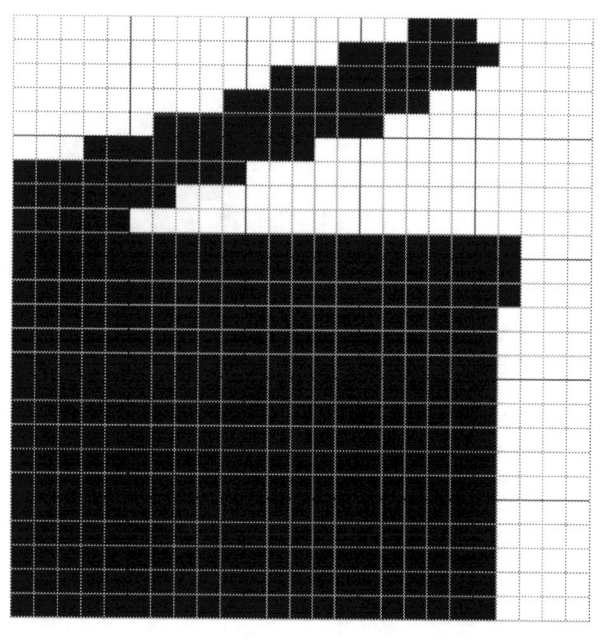

35 Crossed Nails

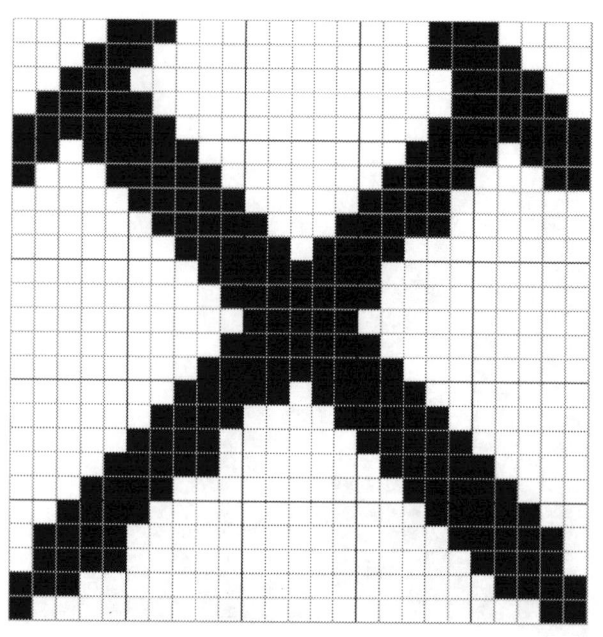

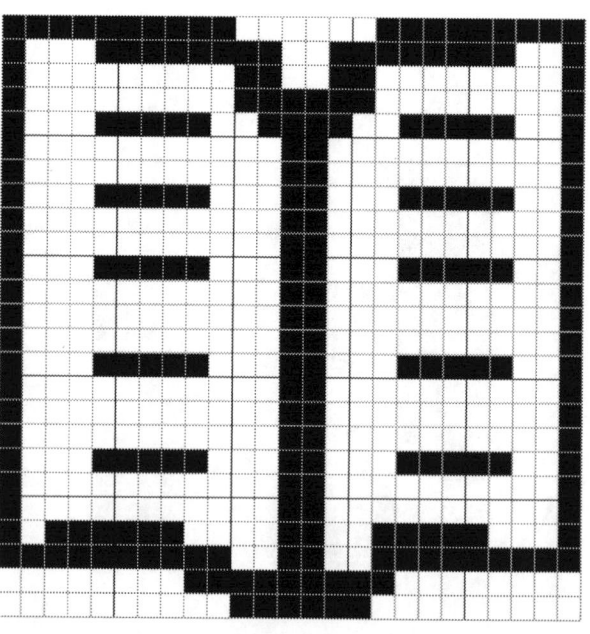

37 Duck Decoy

Mug of Beer 38

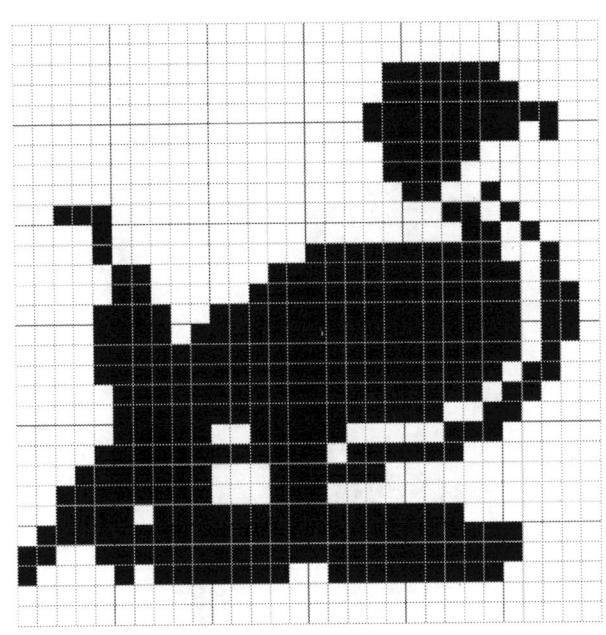

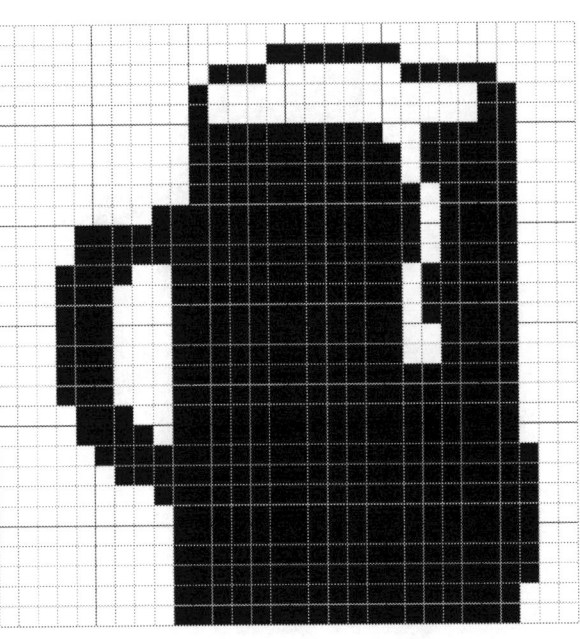

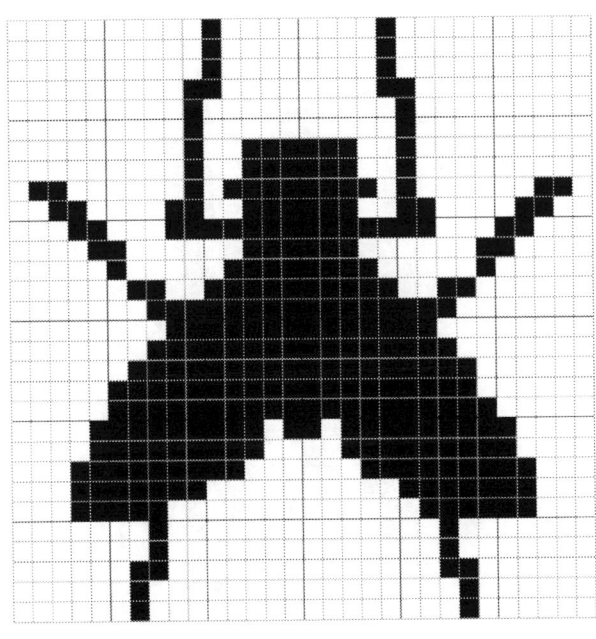

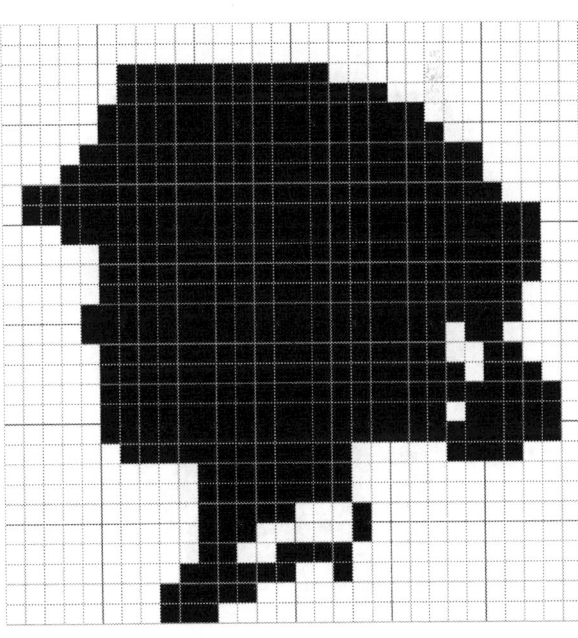

39 Fly

Lady's Silhouette 40

41 Tree

Tripod 42

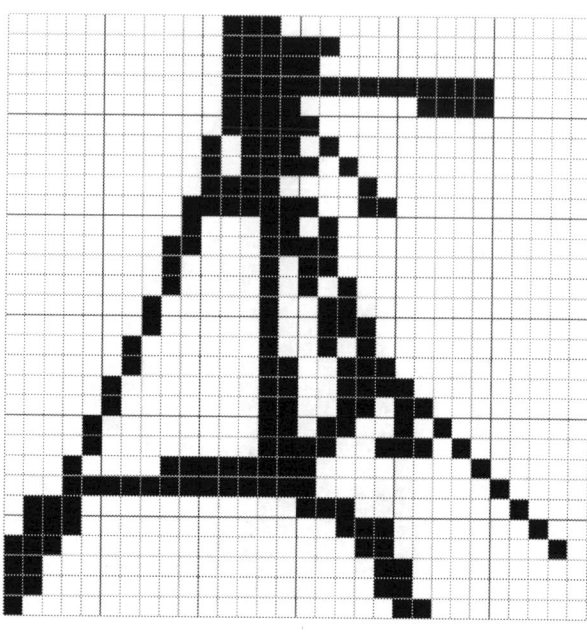

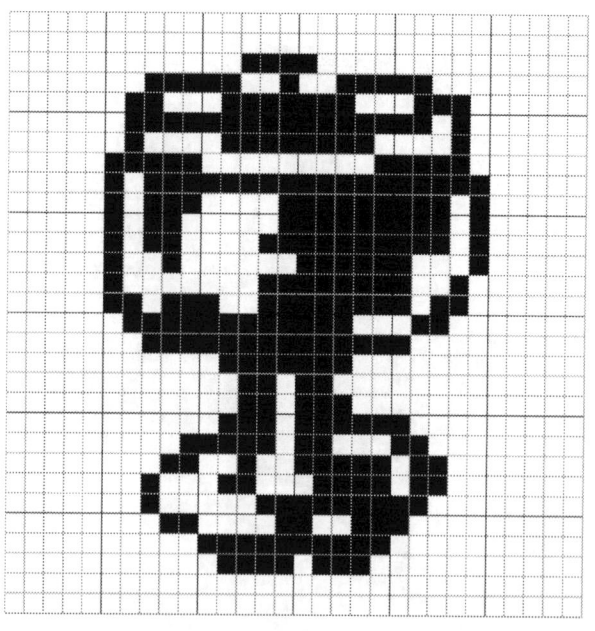

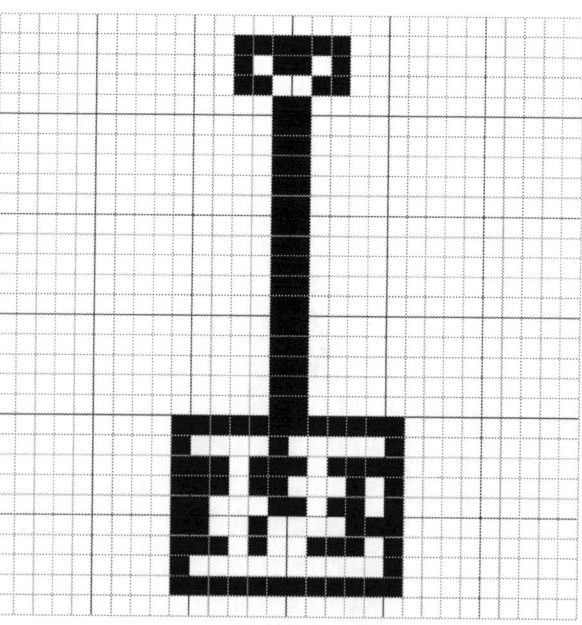

43 Goblet

Snow Shovel 44

45 Aladdin's Lamp

Horse 46

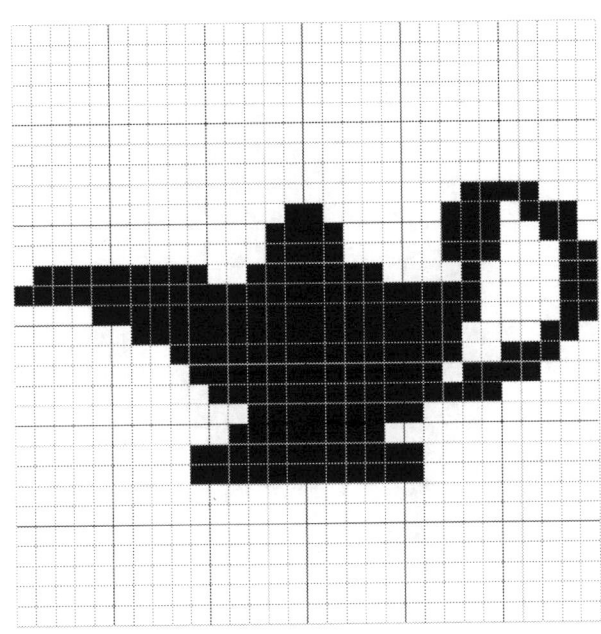

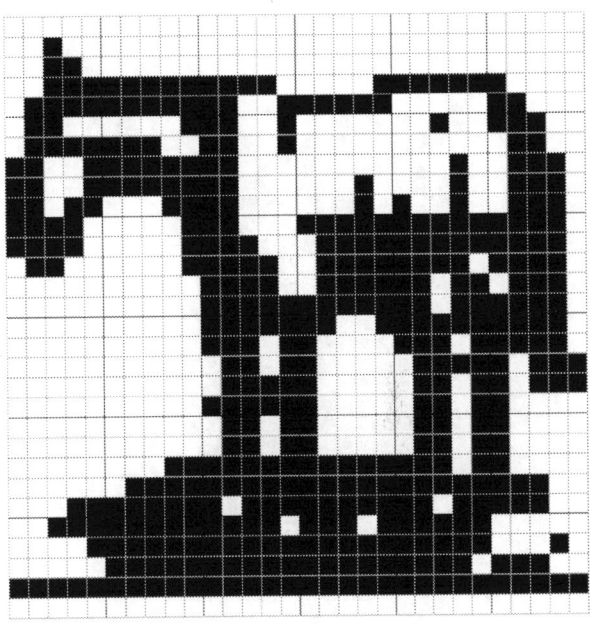

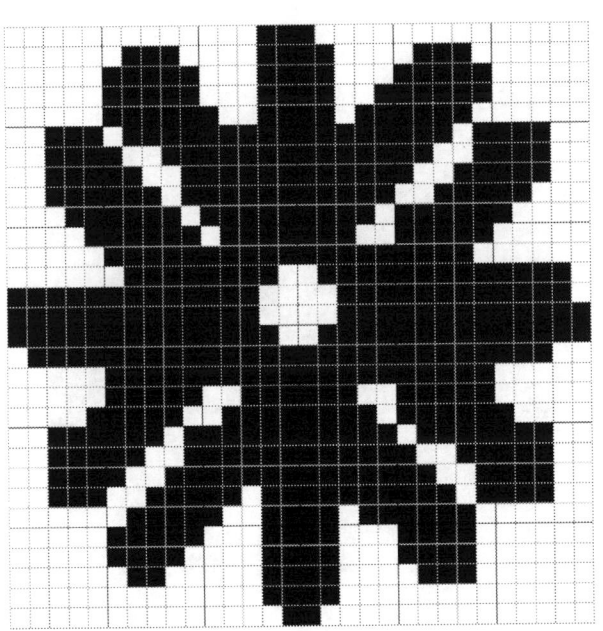

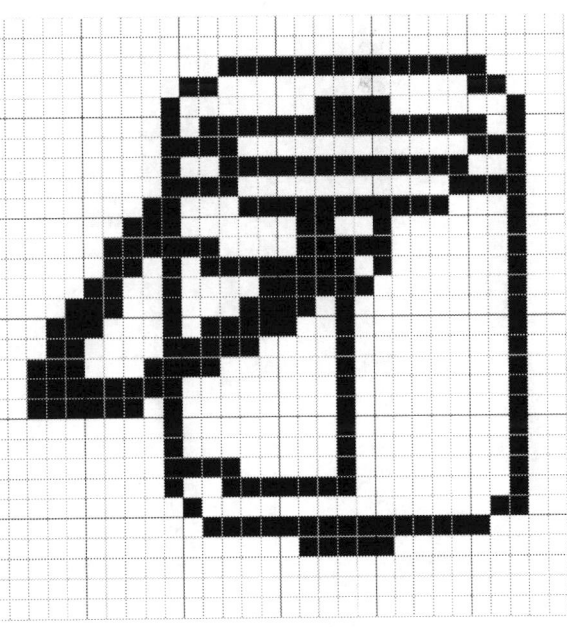

47 Snowflake

Paint Can 48

49 Beetle

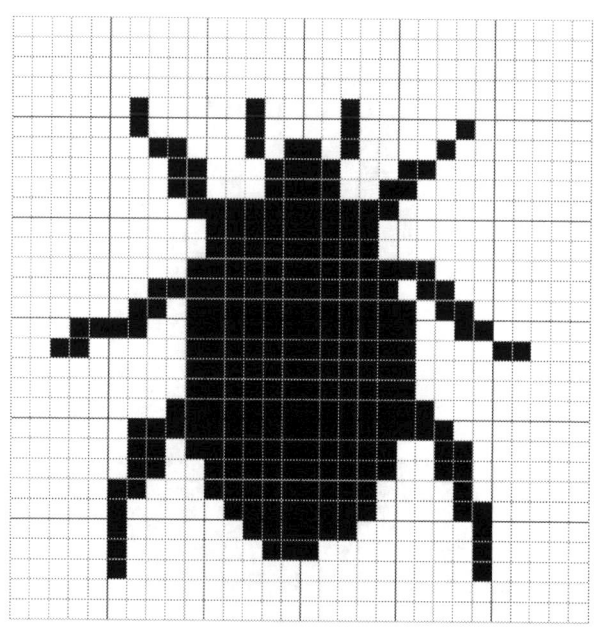

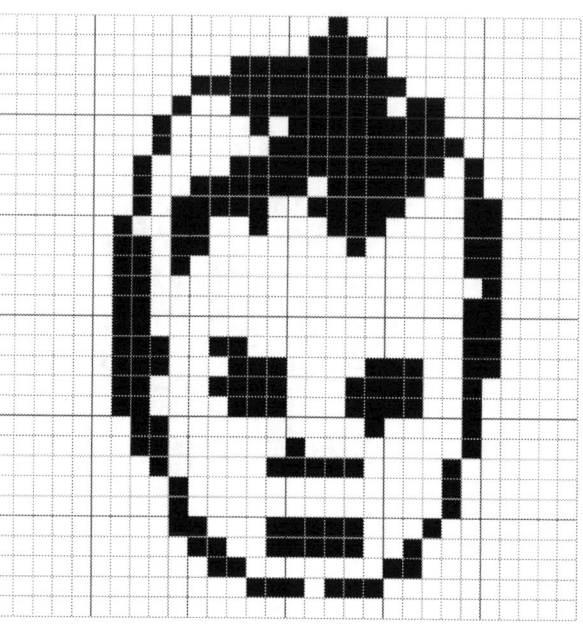

51 Binoculars

Duck 52

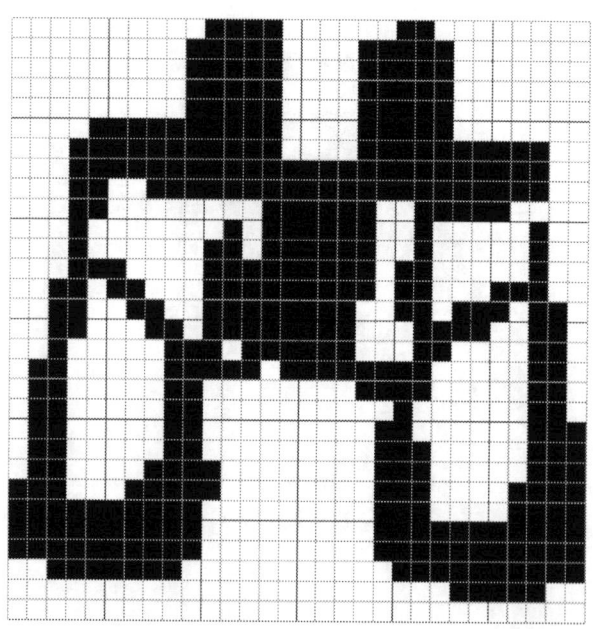

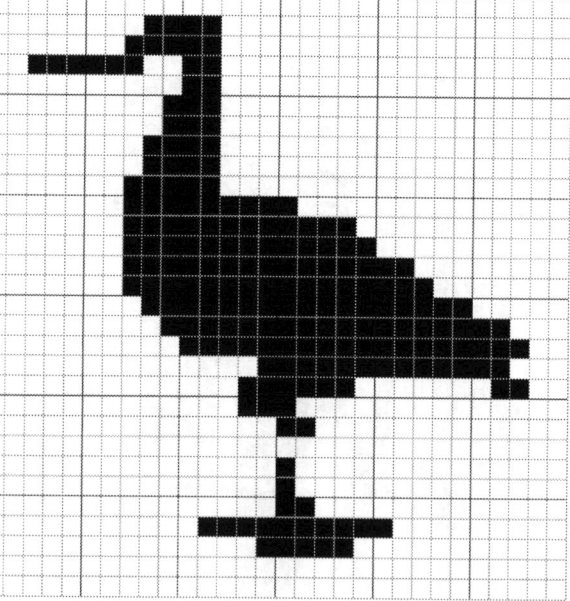

53 Hourglass

Twisting Arrow 54

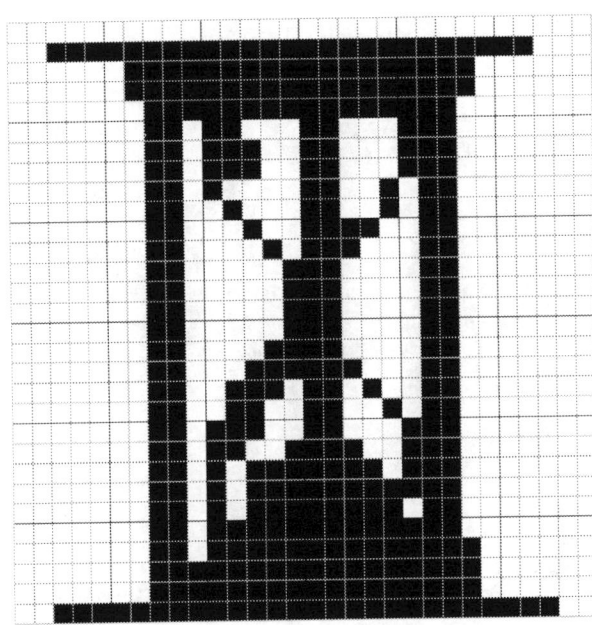

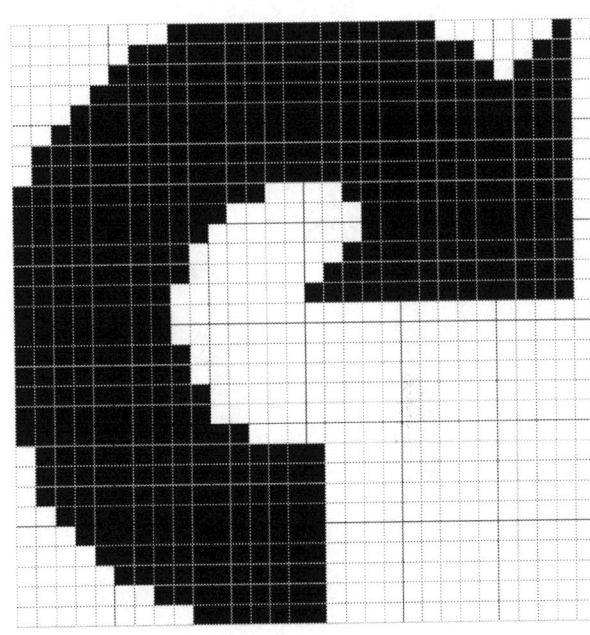

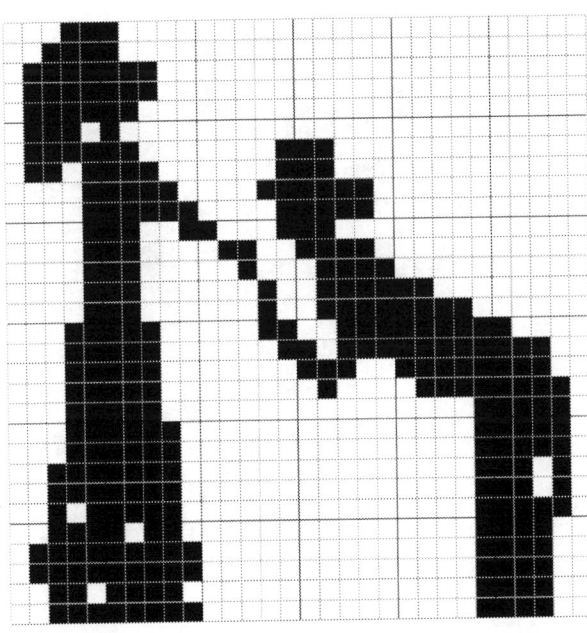

55 Proposal

Woman on Phone 56

57 Watering Can

Camel 58

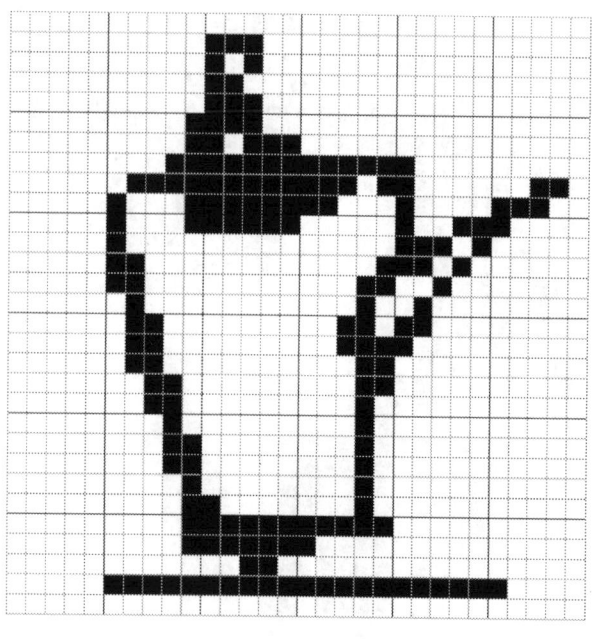

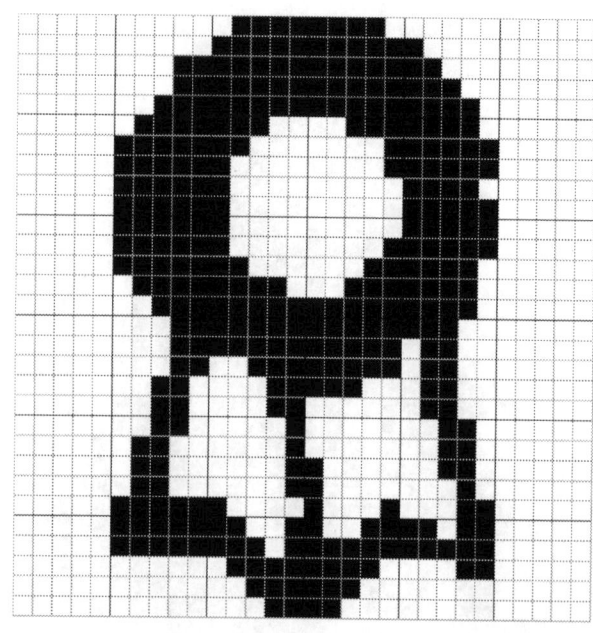

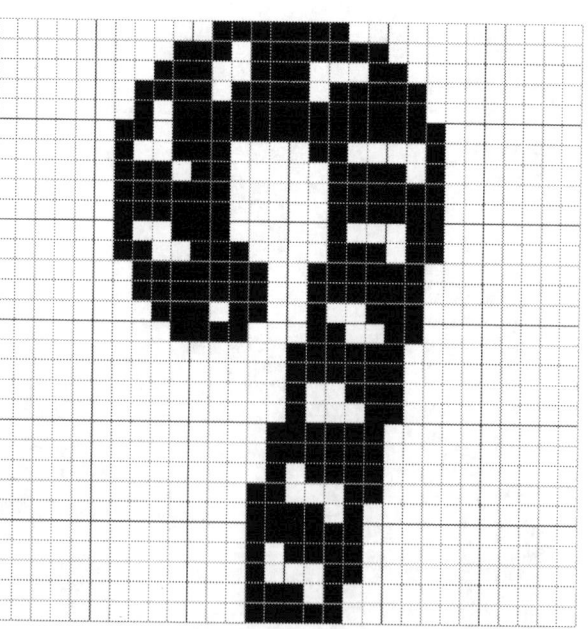

59 Blue Ribbon

Candy Cane 60

61 Squirrel

No Smoking Sign 62

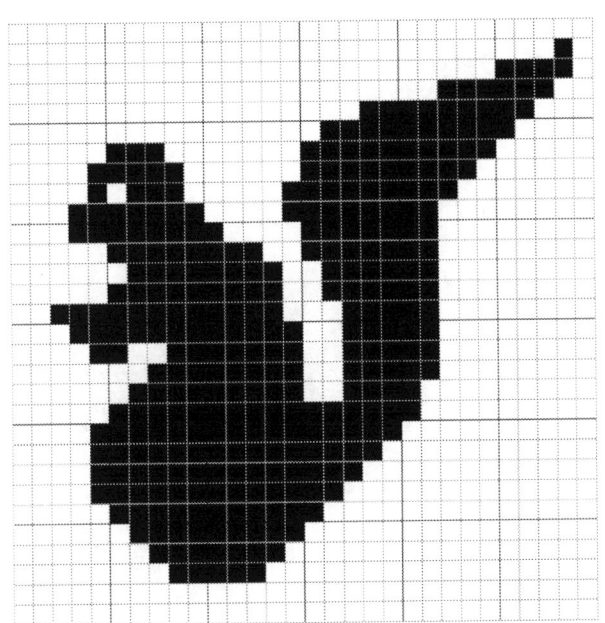

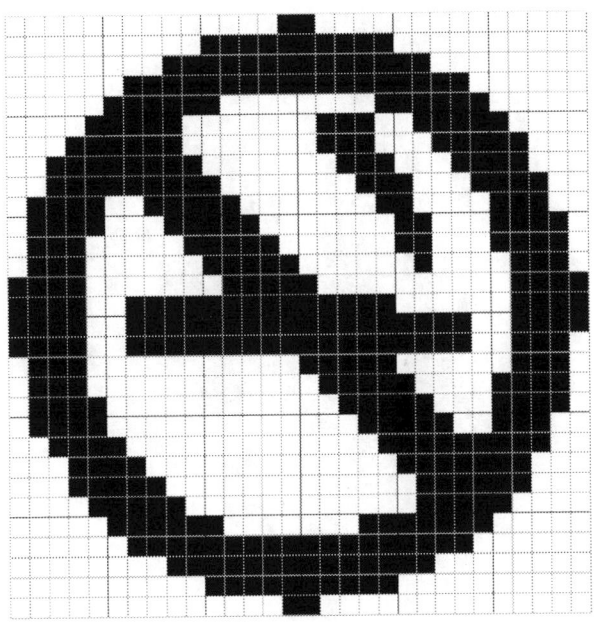

63 Camera

Star 64

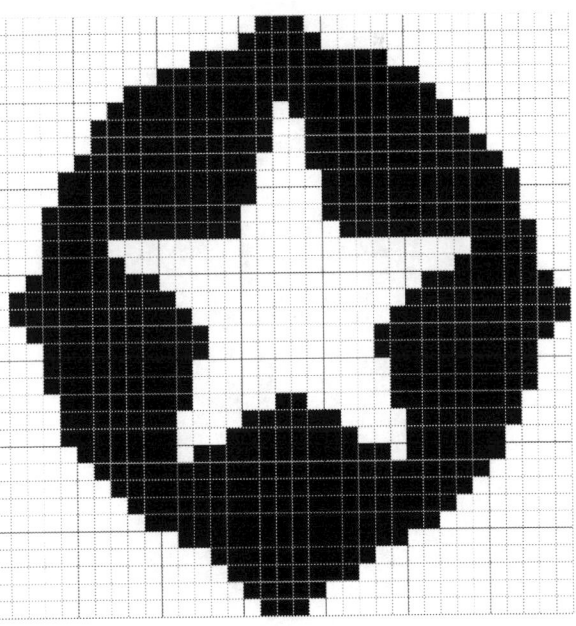

65 Tree in Bloom

Pencil 66

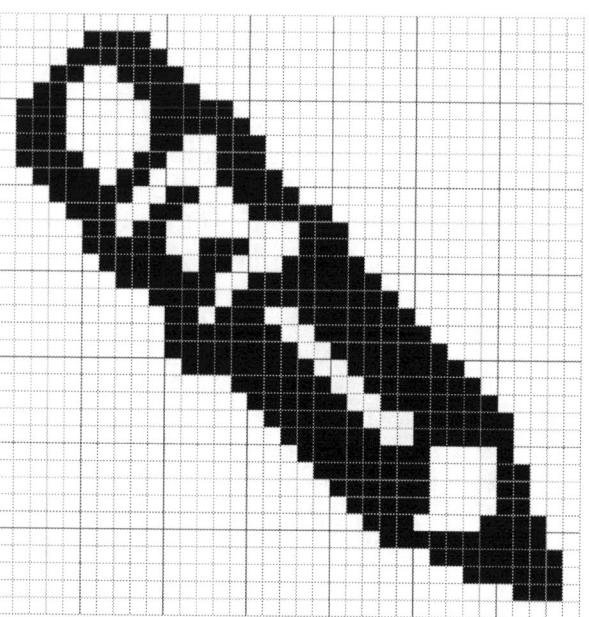

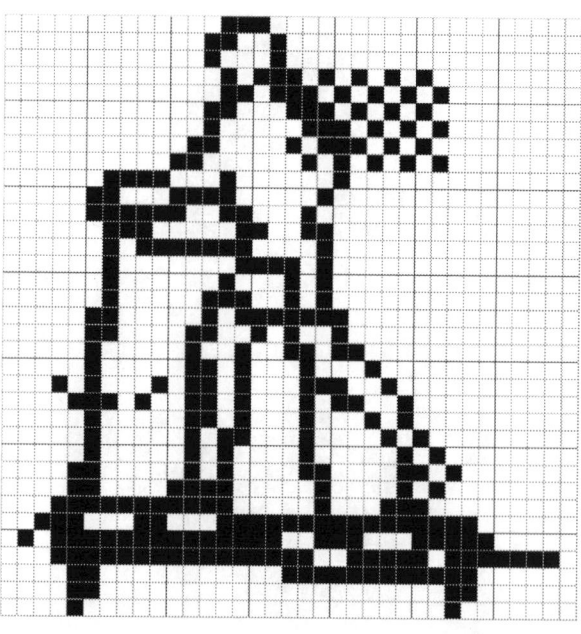

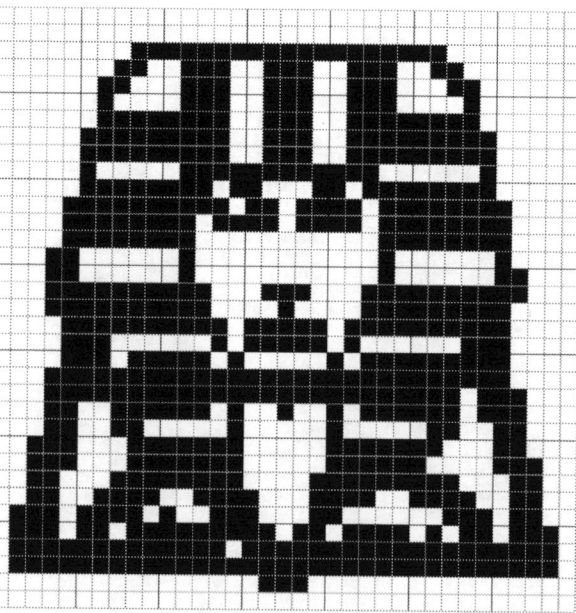

67 On the Treadmill

The Sphinx 68

69 Telephone

Tricycle 70

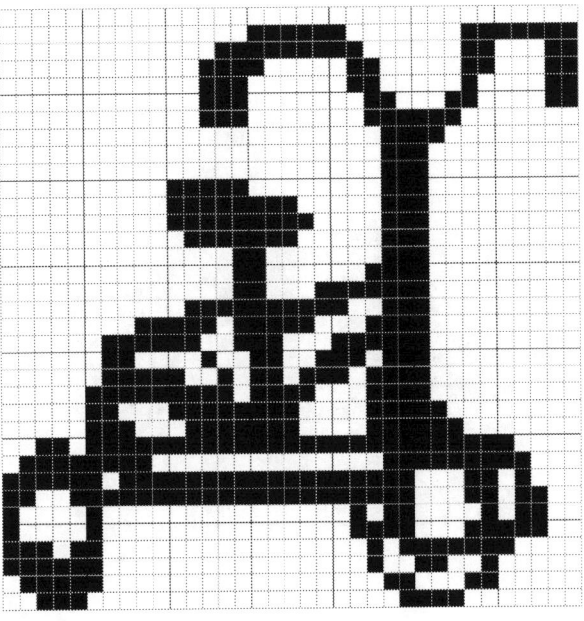

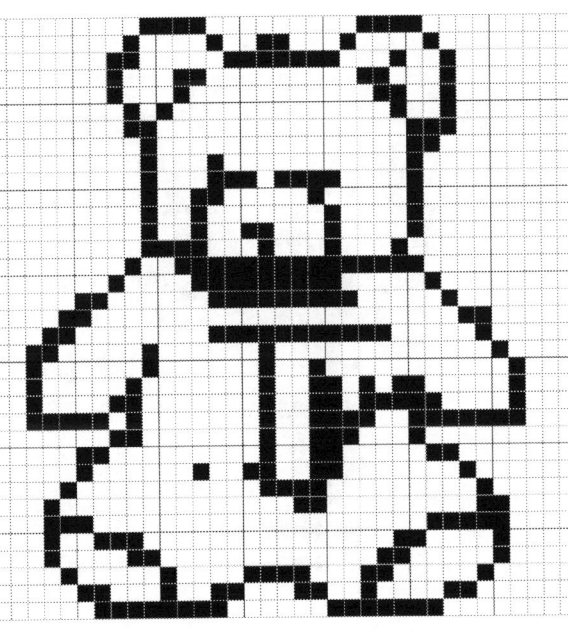

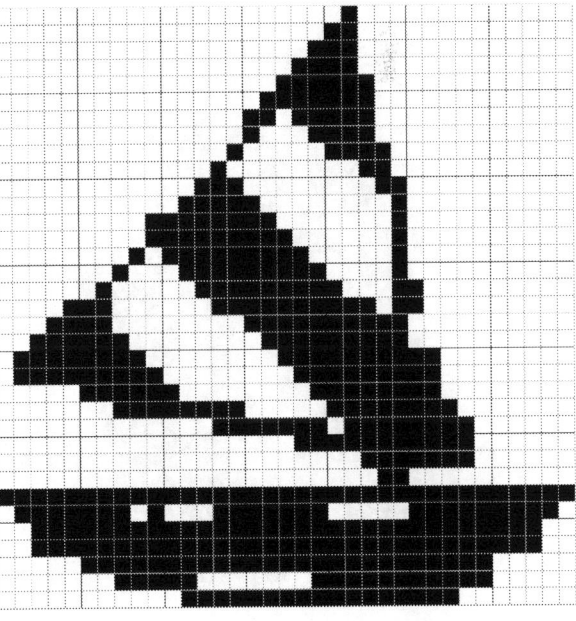

71 Teddy Bear

Sailboat 72

73 Motorcycle

Dive 74

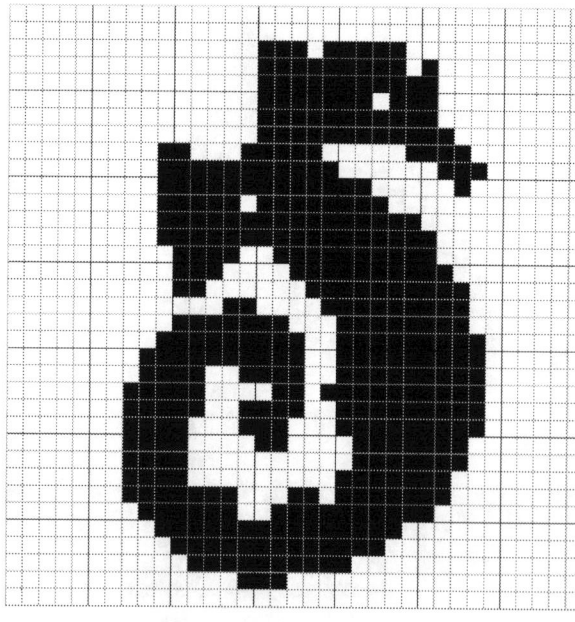

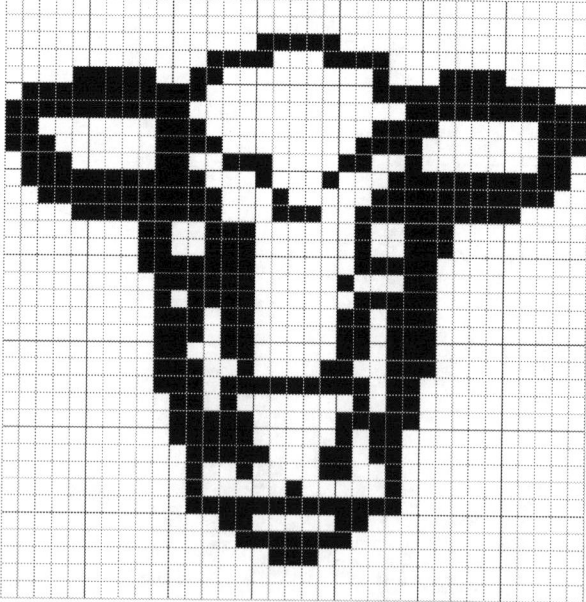

75 Seahorse

Cow Head 76

77 Scissors

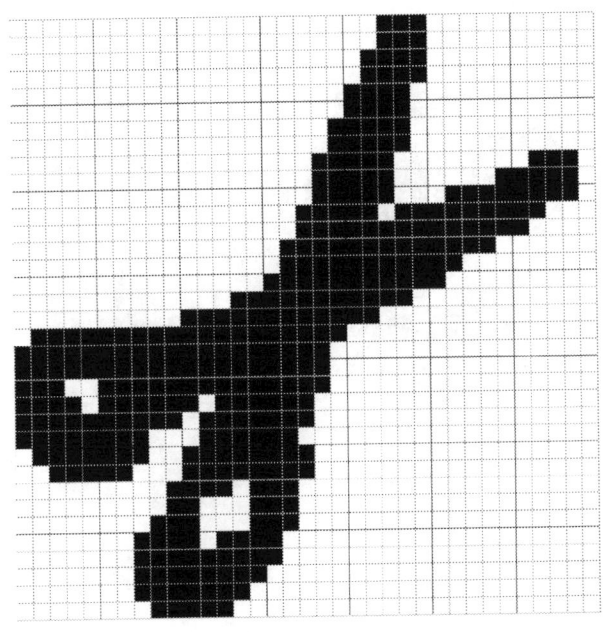

Donkey 78

79 J. S. Bach

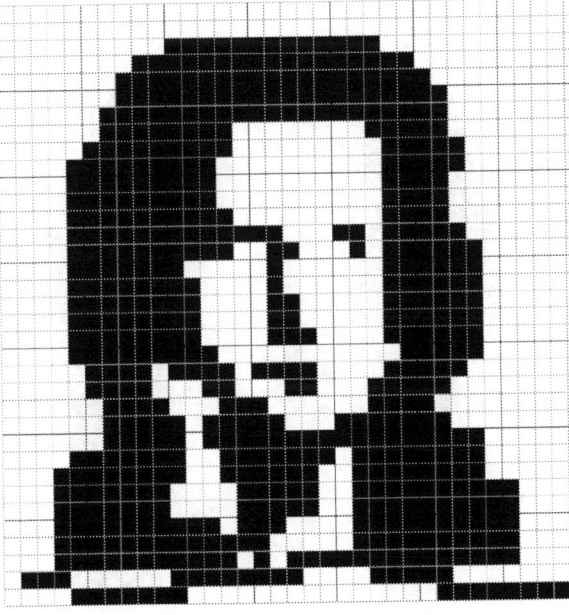

Referee 80

81 Spider

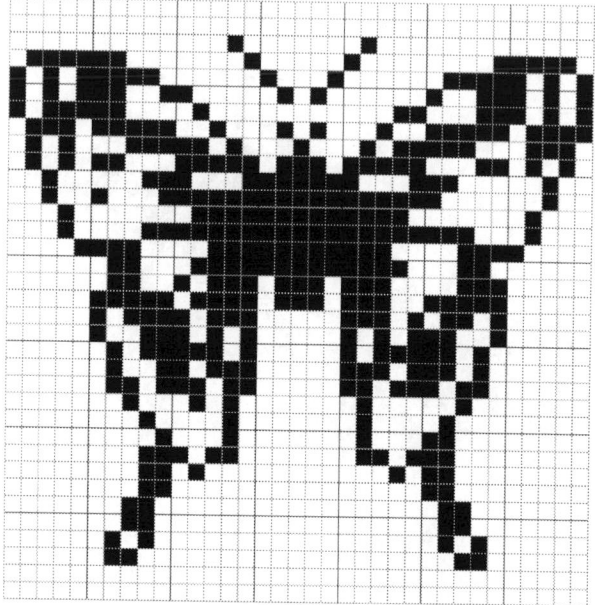

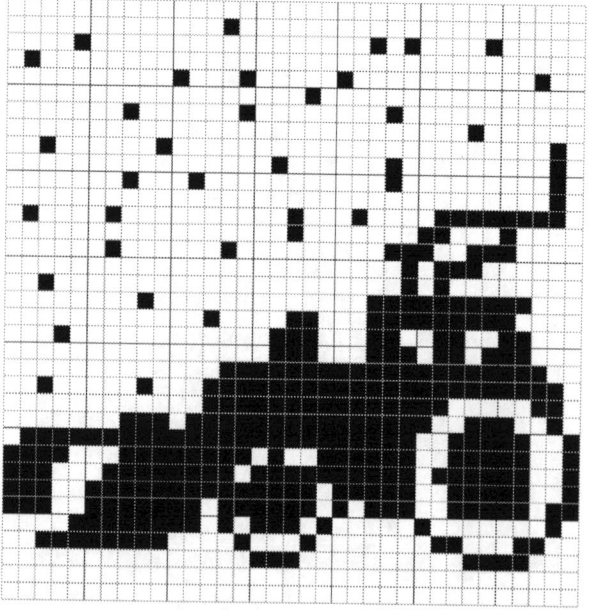

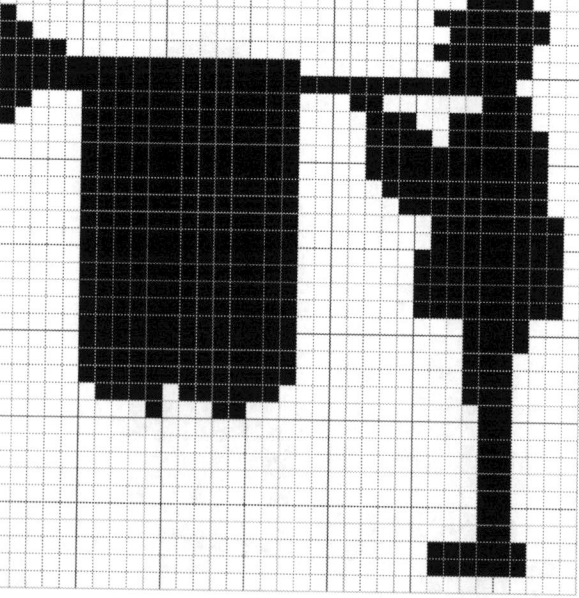

83 Snowplow

Horn Blower 84

85 Flower Buds

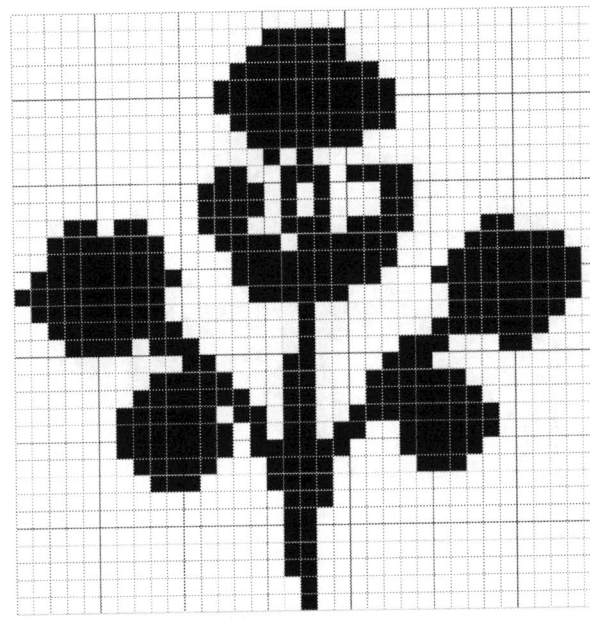

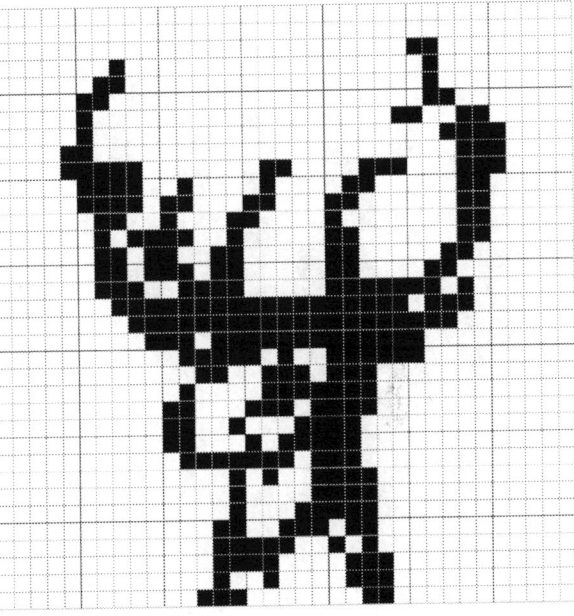

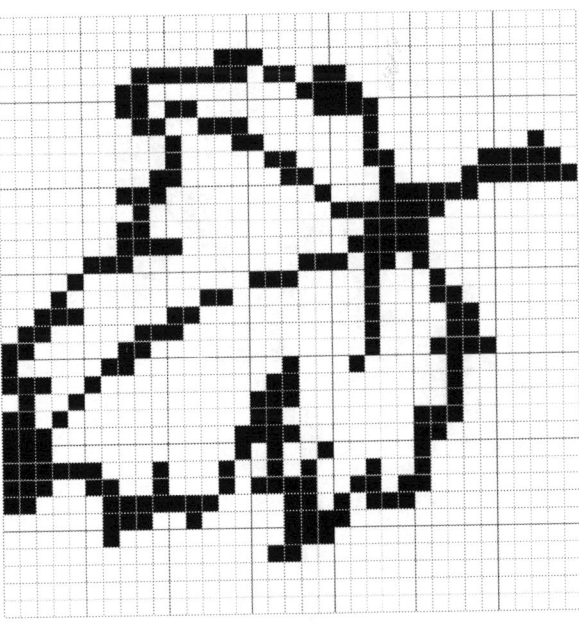

87 Baby Bottle

Leaf 88

89 Ostrich

Hammer 90

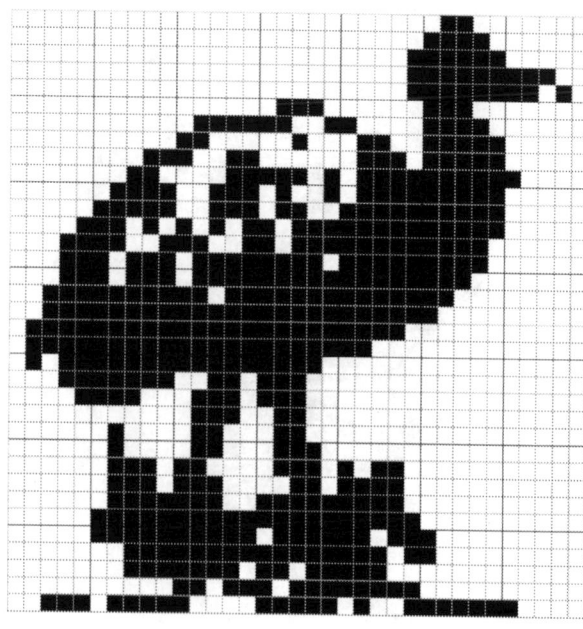

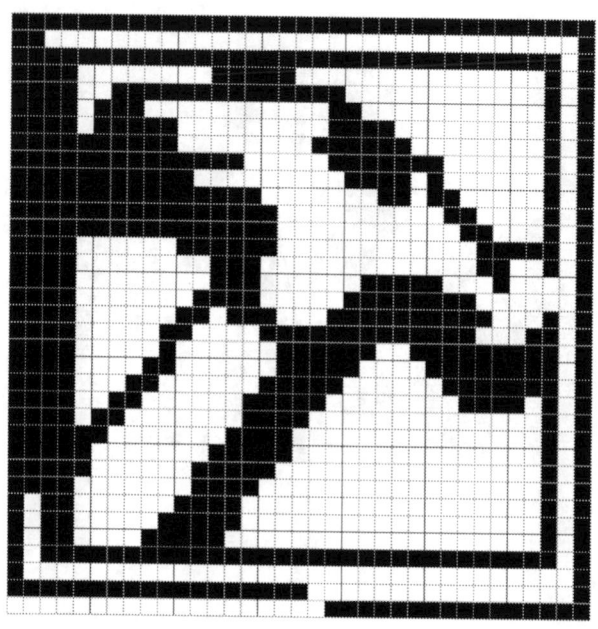

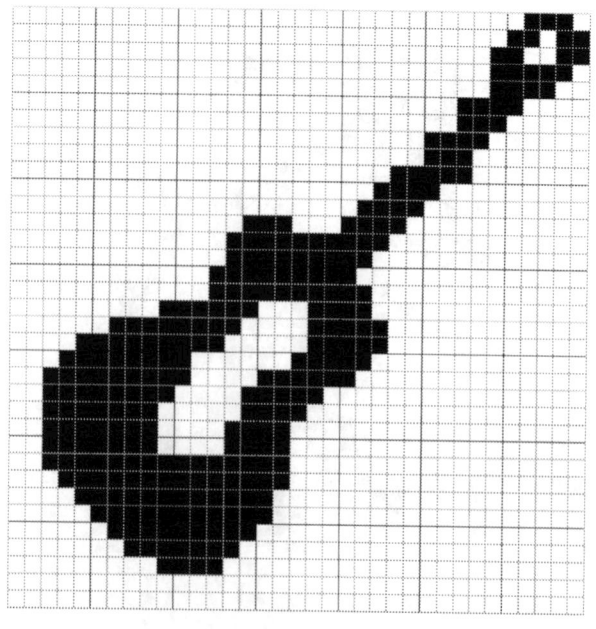

91 Guitar

Elephant 92

93 Baby Portrait

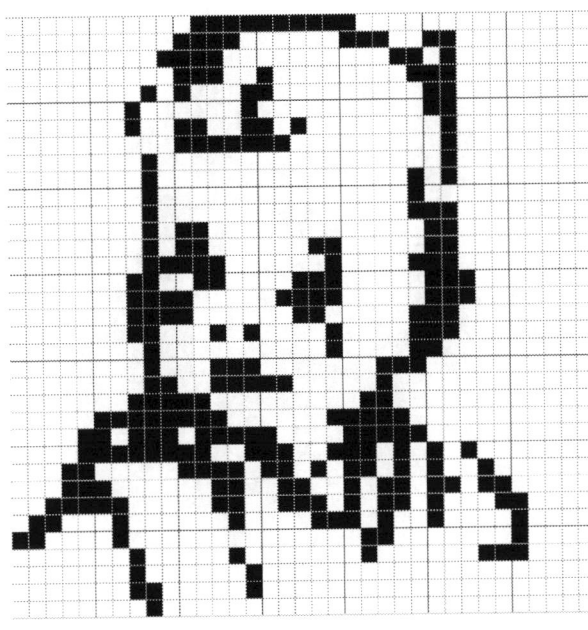

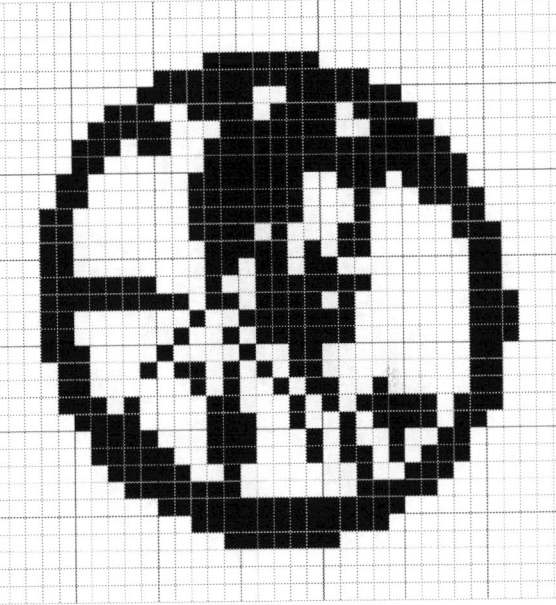

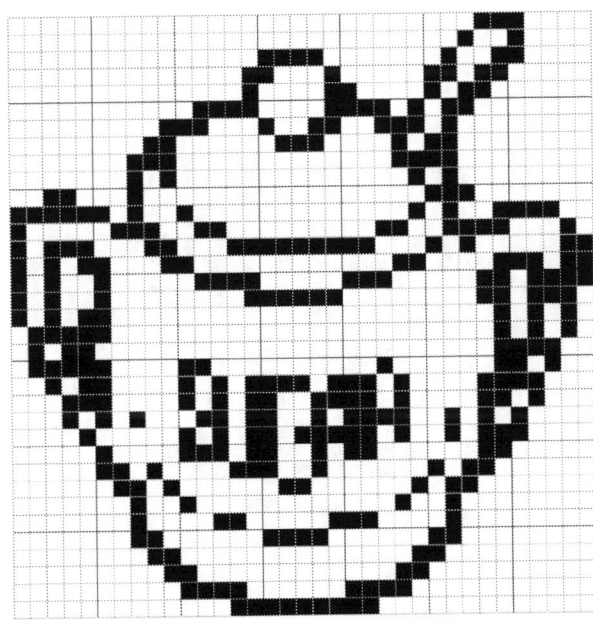

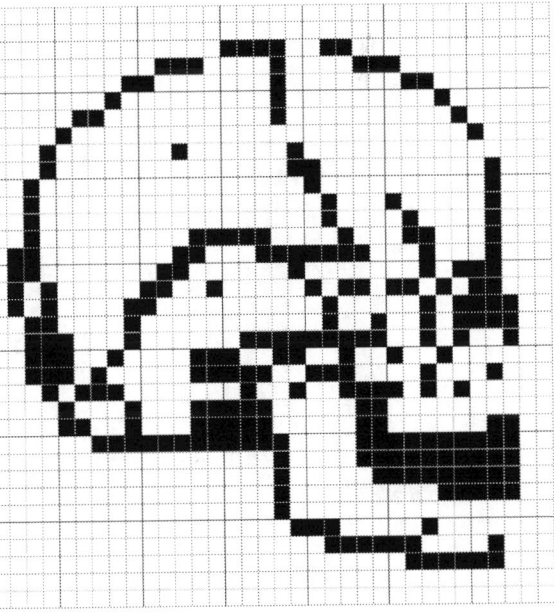

95 Sugar Bowl

Skull 96

97 Bumblebee

Flowerpot 98

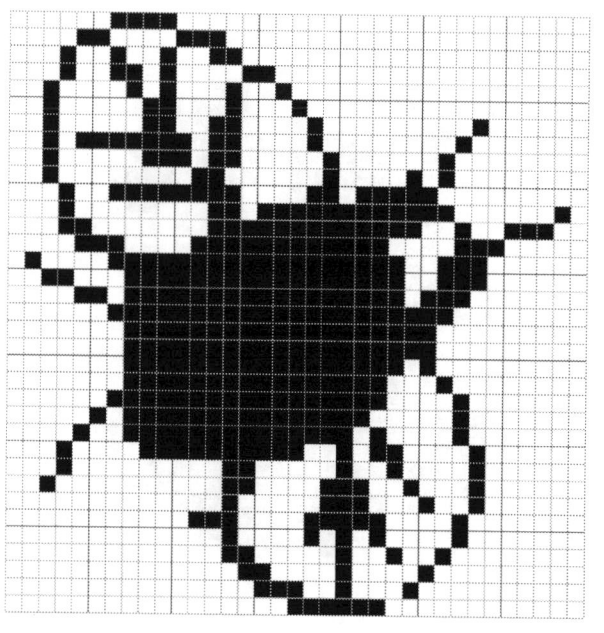

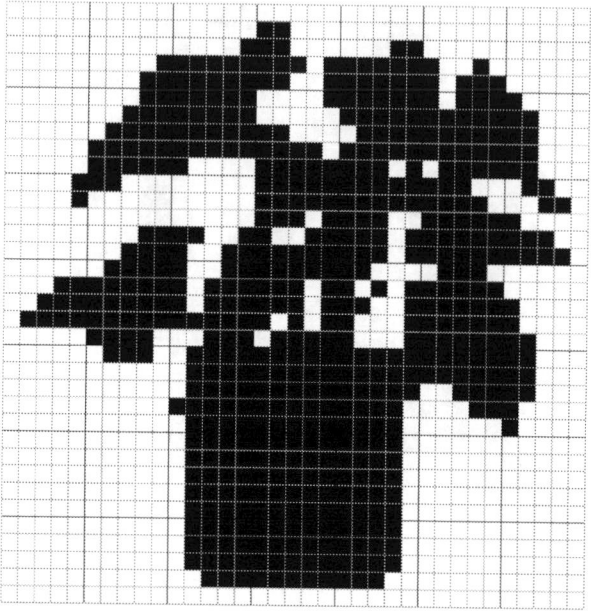

99 Scales of Justice

Man in the Moon 100

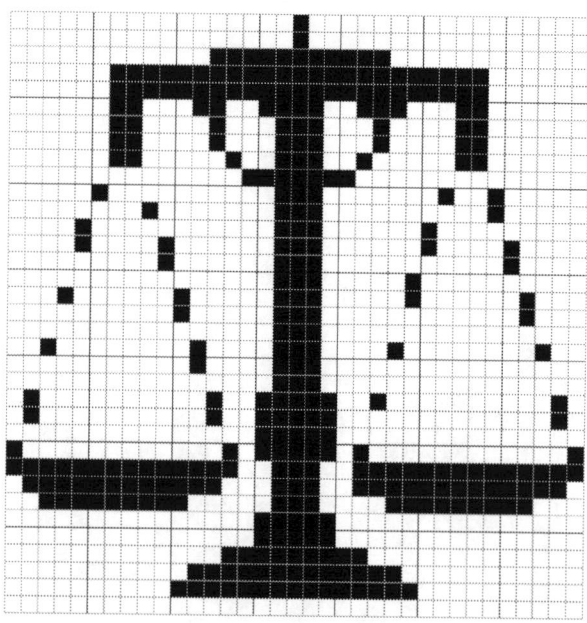

Printed in the United States
by Baker & Taylor Publisher Services